LE CHOCOLAT

巧克力甜品教室

[法] 克里斯托夫·多韦尔涅　达米安·杜肯　著
许学勤　译

中国轻工业出版社

目录

第100页
巧克力梨汁尚蒂利

第105页
巧克力尚蒂利

第110页
巧克力手指饼

第115页
欧培拉

第120页
白巧克力果汁冰淇淋

第125页
巧克力冰淇淋

第130页
牛奶巧克力冰淇淋

第135页
侯爵夫人巧克力冰淇淋

第140页
巧克力橙舒芙蕾冰淇淋

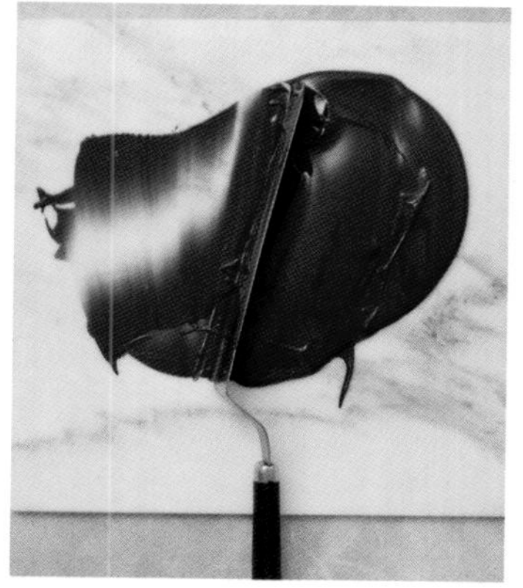

松露巧克力
搭配饮料 莫里//特浓咖啡
1小时10分钟
操作时间
10分钟
烤煮时间
12小时
静置时间
13小时20分钟
总时间
★
难度

配方（20个松露）

乳化物

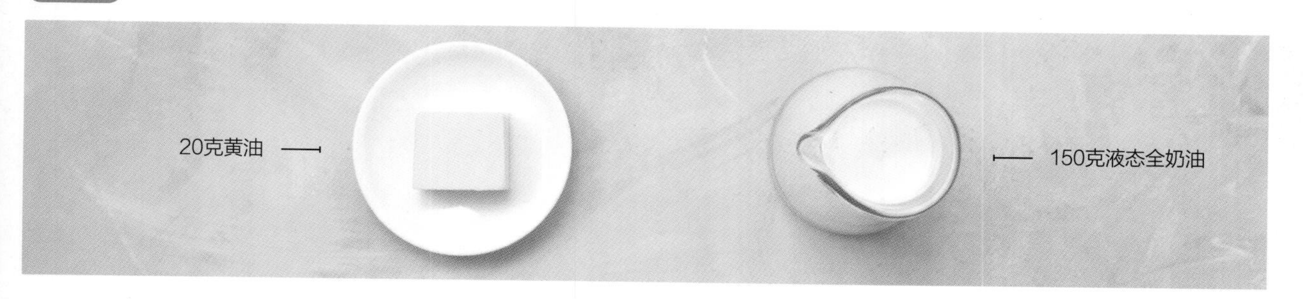

其他形状的松露巧克力

将甘纳许浇入所选择硅板印模（立方体形、金字塔形、花朵形……）中，放入冷冻室固化，最后脱模。

如无香兰豆荚

改用香兰豆液。

余下的可可

制作供品尝的可口热巧克力。

配方变化

焦糖松露巧克力

▶ 制作松露甘纳许前，加黑焦糖烤煮奶油。

豆蔻松露巧克力

▶ 用豆蔻粉替代香兰豆。

将半荚香兰豆摆在砧板上，用刀背修整光滑。

将香兰豆荚放平，用刀将豆荚完全劈开。

用刀刮出豆荚内的香兰豆。

将110克黑巧克力剁碎，置于一大碗中。

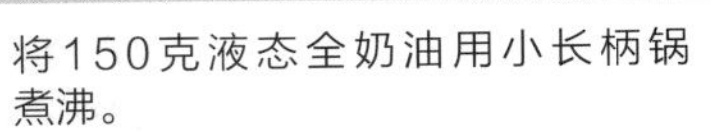

将150克液态全奶油用小长柄锅煮沸。

关火，加入香兰豆及20克蜂蜜。搅拌混合均匀。

趁热（约80℃）将奶油倒在剁碎的黑巧克力上，让奶油的热量对巧克力作用一段时间。

搅打混合物，先从中间开始，再逐渐扩展到容器的其他位置。

最后加入20克黄油碎片搅匀，使其成为甘纳许。在室温下冷却使其变稠。

3 用裱花袋浇注甘纳许

10分钟

+ 静置 11小时

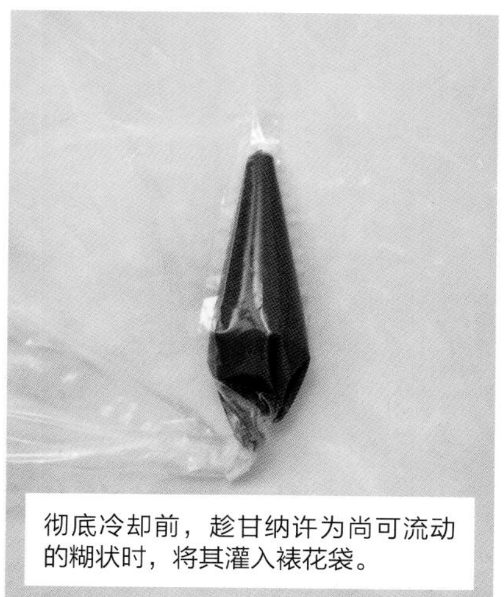

彻底冷却前，趁甘纳许为尚可流动的糊状时，将其灌入裱花袋。

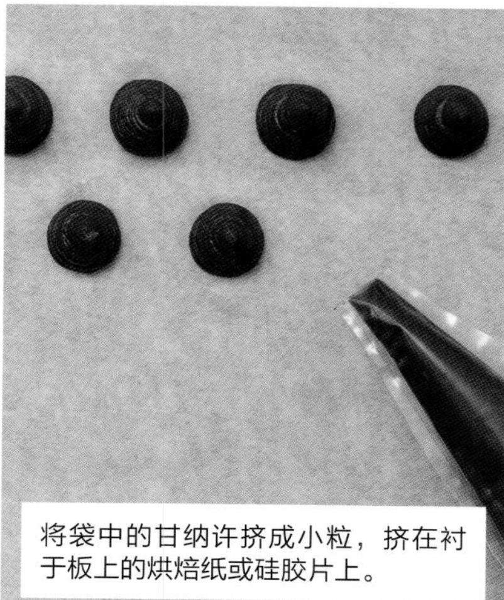

将袋中的甘纳许挤成小粒，挤在衬于板上的烘焙纸或硅胶片上。

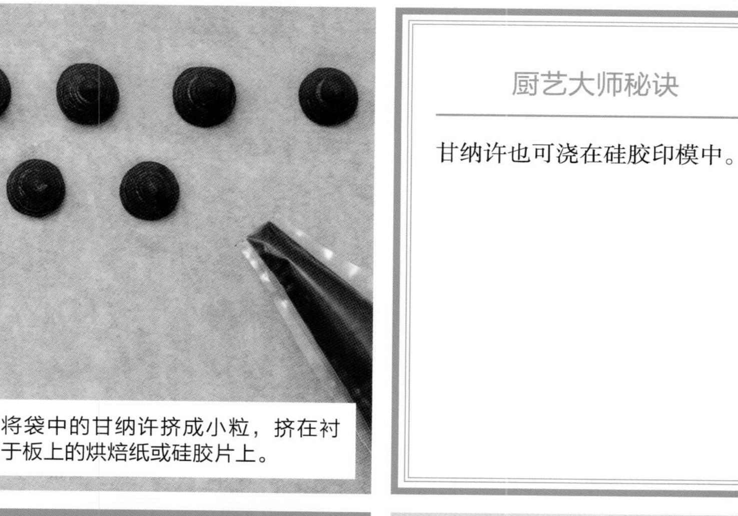

厨艺大师秘诀

甘纳许也可浇在硅胶印模中。

静置冷却10～12小时，使甘纳许完全凝固。

4 黑巧克力调温

20分钟

+ 烧煮 8min

将200克糕点用黑巧克力剁碎，用约50℃的水浴加热熔化。

将巧克力从水浴中取出，冷却至28～29℃。

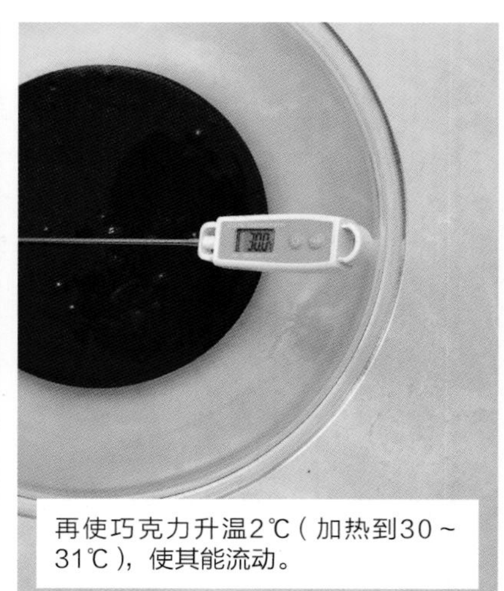

再使巧克力升温2℃（加热到30～31℃），使其能流动。

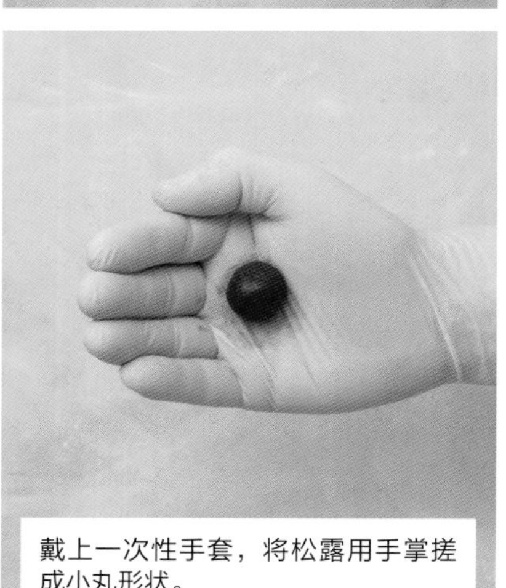

戴上一次性手套，将松露用手掌搓成小丸形状。

松露置于巧克力调温盘中调温，戴手套将松露丸一一过手滚圆。

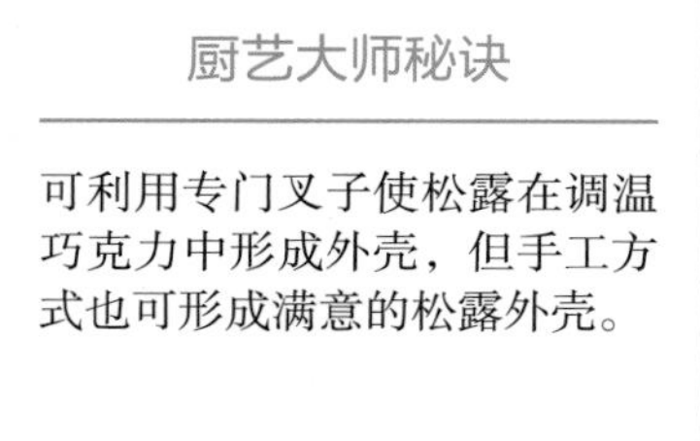

厨艺大师秘诀

可利用专门叉子使松露在调温巧克力中形成外壳，但手工方式也可形成满意的松露外壳。

在碟子中倒100克可可粉，然后放入松露丸。

使松露丸在可可粉中滚动，以使可可粉全部覆盖住小丸，最后用筛子将多余的可可粉筛去

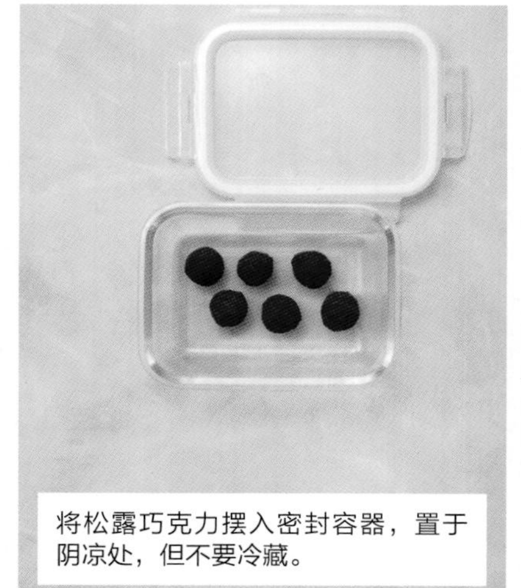

将松露巧克力摆入密封容器，置于阴凉处，但不要冷藏。

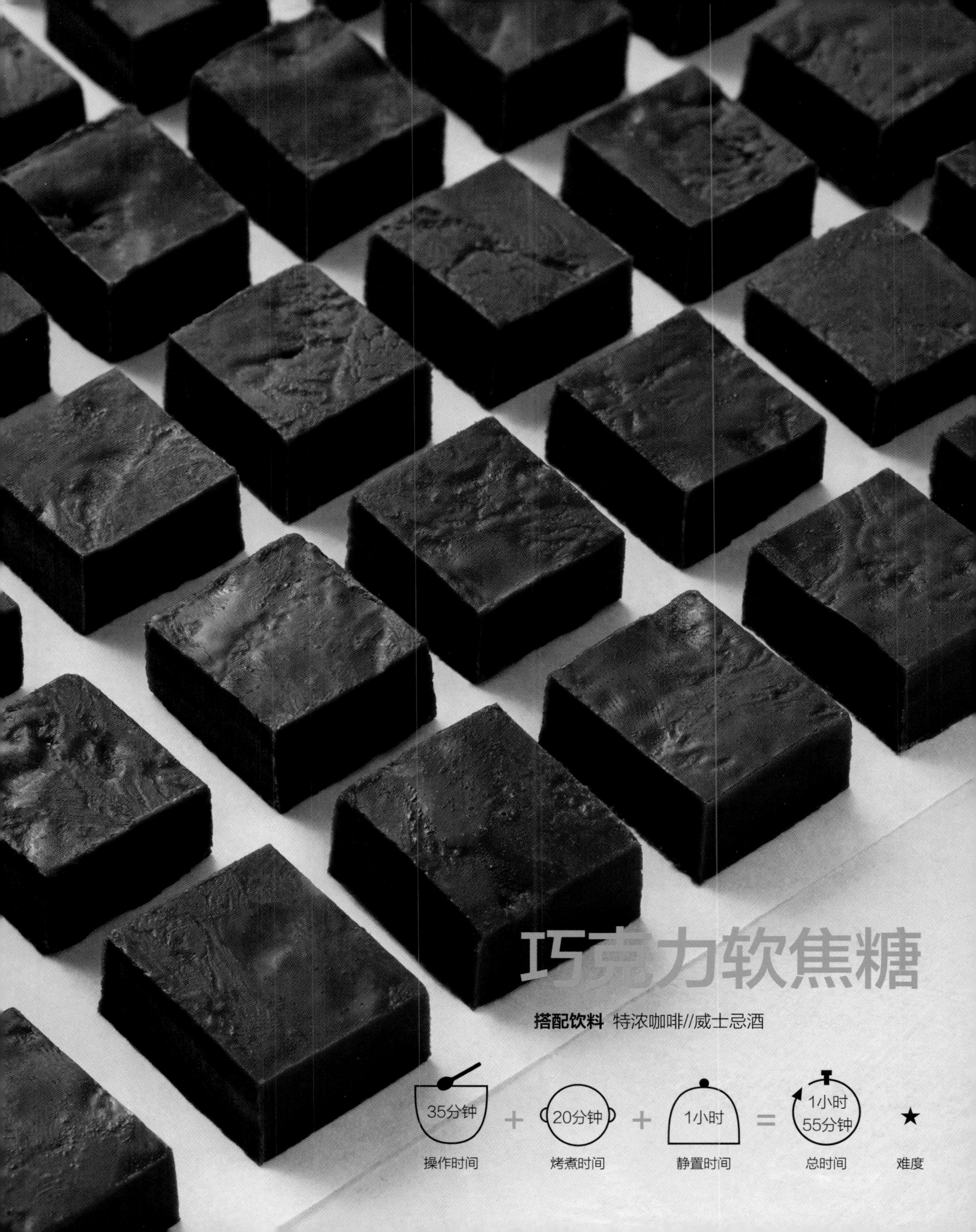
巧克力软焦糖
搭配饮料 特浓咖啡//威士忌酒
35分钟
操作时间
20分钟
烤煮时间
1小时
静置时间
1小时
55分钟
总时间
★
难度

配方（54块巧克力）

乳化物

材料

其他形状软糖巧克力

用刀切分焦糖，或利用模具冲头做成各种形状。

如无葡萄糖

改用30%蔗糖、70%蜂蜜混合物。

余下的糖果饰品

加入奶油将糖果饰品溶化成为焦糖酱。

配方变化

可可碎粒巧克力软焦糖

► 加黄油的同时加入可可碎粒。

橙皮巧克力软焦糖

► 将橙皮蜜饯切成小丁，在加黄油的同时加入巧克力浆中。

将150克黑巧克力剁碎，然后装入长柄锅。

用水浴熔化巧克力，注意熔化时，不要使水进入巧克力浆。

也可用500瓦微波炉熔化巧克力。时间30秒，并注意经常搅拌混匀。

将250克液态奶油和175克糖加入适当大小的长柄锅中。

将勺子或手指在水中蘸一下，以便取用175克葡萄糖。将葡萄糖投入锅中。

用中火烧至混合液温度升到117℃，此时糖液也呈金黄色。

关火，将锅从炉上取下，静置片刻，使锅温晾至不烫。

加入熔化的巧克力，再加入20克黄油丁，用铲子混合均匀。

厨艺大师秘诀

混合物应热，但不应太烫，否则黄油和巧克力会烫煳。

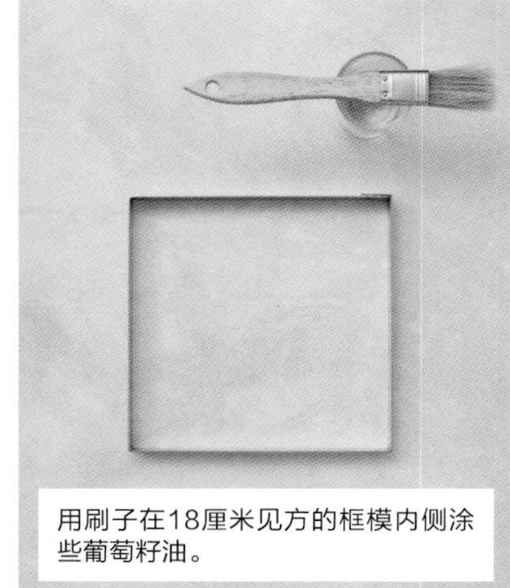

用刷子在18厘米见方的框模内侧涂些葡萄籽油。

将框模置于稍抹过油（或衬有烘烤纸）的烤盘中，将巧克力糊浇入框模中。

使巧克力糊均匀分布于框模内，静置冷却。

根据所用的器具，用稍抹过油的滚筒或铲子将巧克力表面压光滑。

厨艺大师秘诀

巧克力浆应有流动性，有一定热量，但不要太烫。如用手抹光，可戴手套。为不在焦糖上留下印子，一般可用槽辊在表面滚动。

完全冷却。

一旦糖块冷凝硬化，就脱模。

将焦糖板切成2厘米宽长条。

再将糖条切成2厘米见方糖块。

厨艺大师秘诀

用剪刀剪，或用大刀整齐切割。

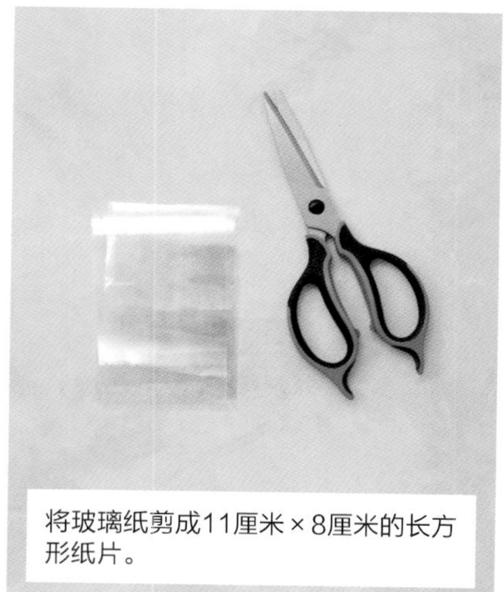

将玻璃纸剪成11厘米 × 8厘米的长方形纸片。

及时将每块巧克力焦糖用玻璃纸包裹好。

将糖果放在防水盒中，以防其发干或吸潮。

厨艺大师秘诀

为使焦糖巧克力保存良好，在盒子中放些吸湿剂。

巧克力牛轧糖

● **搭配饮料** 蛋酒//卢皮亚克葡萄酒

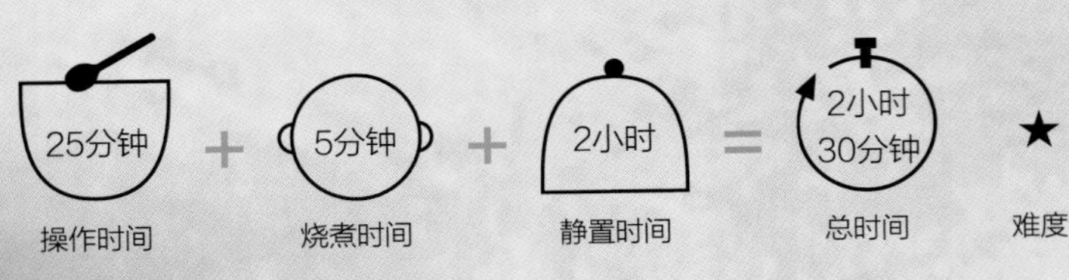

配方（48块巧克力牛轧糖）

材料

改用其他干果

选用其他干果，但加一些腌花，以改善口味。

余下乳脂糖碎片

加些奶油将乳脂糖溶化成为甜食酱。

如无炒花生酱

换用一般花生酱，并加20克碎花生。

配方变化

巧克力开心果牛轧糖

► 花生用开心果替代。

牛奶巧克力牛轧糖

► 罐装炼乳在高压锅加热15分钟，然后冷却，用于配方。

将100克咸烤花生剁碎，置于一边。

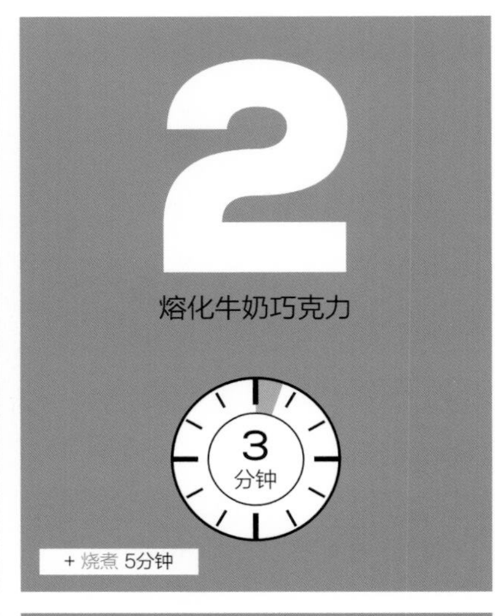

将300克牛奶巧克力粗捣碎，然后放入微波炉容器。

以低挡功率微波加热使牛奶巧克力熔化。

厨艺大师秘诀

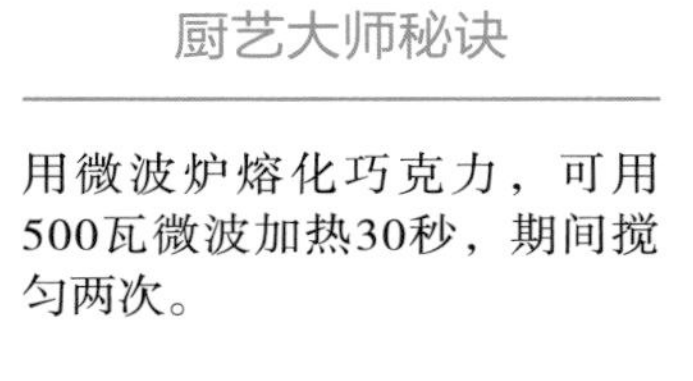

用微波炉熔化巧克力，可用500瓦微波加热30秒，期间搅匀两次。

用木铲将巧克力调匀。

均匀加热100克花生酱，使其软化成为可流动的光滑糊状。

用铲子将花生酱加到巧克力酱中。

厨艺大师秘诀

混合物应有流动性，且均匀。

加入400克甜炼乳，搅拌均匀。

加入花生碎粒。

用铲子上下翻动，搅拌均匀。

用刷子在框模或硅胶模具内侧涂些葡萄籽油。

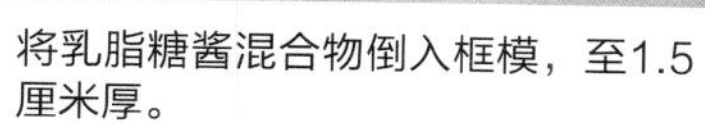

将乳脂糖酱混合物倒入框模，至1.5厘米厚。

将乳脂糖酱用塑料膜盖住。

将模具放入冷藏室静置2小时，使乳脂糖硬化以便脱膜。

将盖塑料膜的糖块脱模，为避免夹带，先揭塑料膜，再脱膜。

在木板上，将牛轧糖板切成2厘米见方的小糖块。

厨艺大师秘诀

用剪刀剪，或用厚刀整齐切割糖块。

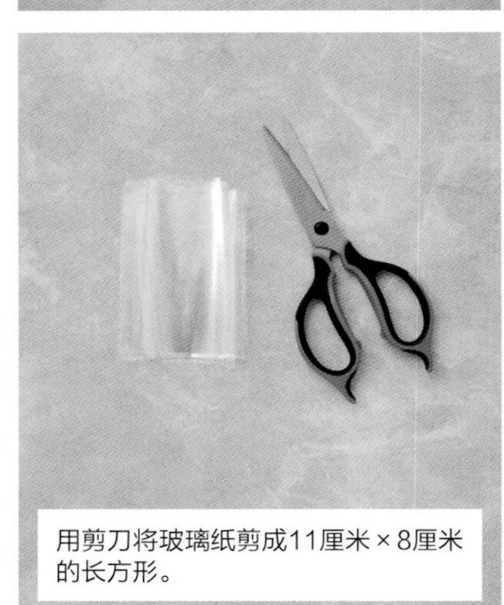

用剪刀将玻璃纸剪成11厘米 × 8厘米的长方形。

小心地将每粒糖块包裹起来。

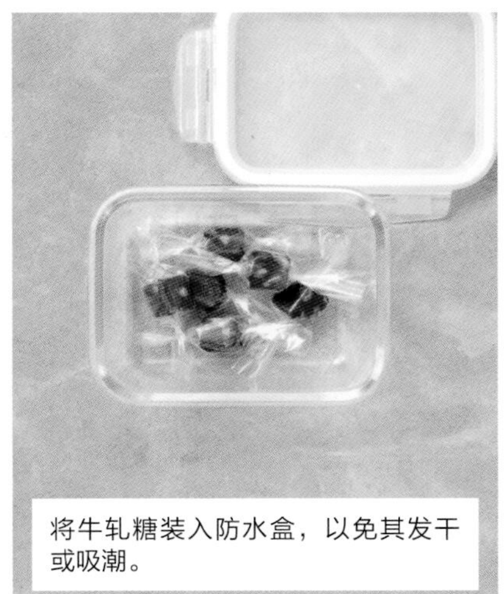

将牛轧糖装入防水盒，以免其发干或吸潮。

厨艺大师秘诀

为长期保藏牛轧糖，在盒中加入一些干燥剂。

酒心樱桃巧克力

搭配饮料 塞尔东酒//黑咖啡

55分钟	+	10分钟	+	7天	=	7天	★★
操作时间		烧煮时间		静置时间		总时间	难度

配方（20粒巧克力）

改用其他水果

其他酒泡水果均可参照此配方制作酒心巧克力糖。

多余的细砂糖

在密封容器中，细砂糖可长期保存。细砂糖是制作夹心饼用的经典结晶糖。

如无细砂糖

虽然费事，但可用一般糖通过烧煮和搅打替代。

配方变化

酒心葡萄巧克力

► 将葡萄干在年份长的朗姆酒中泡几天，然后排干。用葡萄替代樱桃。

酒心樱桃牛奶巧克力

► 用牛奶巧克力替代黑巧克力，确保适应结晶曲线。

将300克外壳用黑巧克力捣碎。

将巧克力用水浴或微波加热到50～60℃，使其熔化。

厨艺大师秘诀

用微波炉熔化巧克力，可用500瓦微波加热30秒，其间搅匀两次。
将300克牛奶巧克力粗粗捣碎，然后放入微波炉容器。

用铲搅拌使巧克力冷却到28～29℃。

再加热，使其温度升高2℃，达到30～31℃，然后维持此温度。

厨艺大师秘诀

巧克力调温完毕时，其所有乳化物均得到稳定。因此，必须参照温度曲线（经常出现在巧克力包装物），强力建议按此温度曲线调温。

将调温好的巧克力，用套管袋浇注进选择的印模中。

拍打印模板，赶出空气。

厨艺大师秘诀

除专门模具以外，也可用橡胶软管替代。

在一容器上面，将印模板翻转，拍打模板底，使巧克力流出。

将印模板再放回工作台面，用铲子将每个印模孔的巧克力多余边角刮掉。

阴凉处静置30分钟使模板上的巧克力结晶。

3

熔化细砂糖

5 分钟

+ 烧煮 3分钟

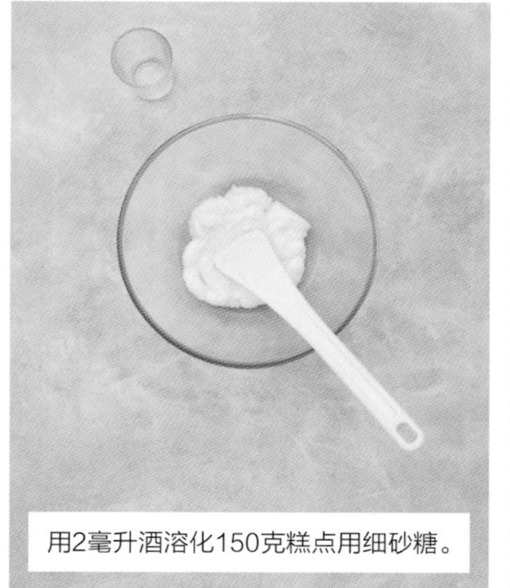

用2毫升酒溶化150克糕点用细砂糖。

用水浴或低功率微波炉将细砂糖加热到40℃。

厨艺大师秘诀

加热后的细砂糖应有流动性，但不应太烫。否则会改变质构，并失去光泽。

用叉子或钎子逐个刺住樱桃，浸入溶化的糖中，使糖将其完全裹住。

及时将樱桃放入巧克力模板孔内。

使带糖樱桃离模板面约2毫米。

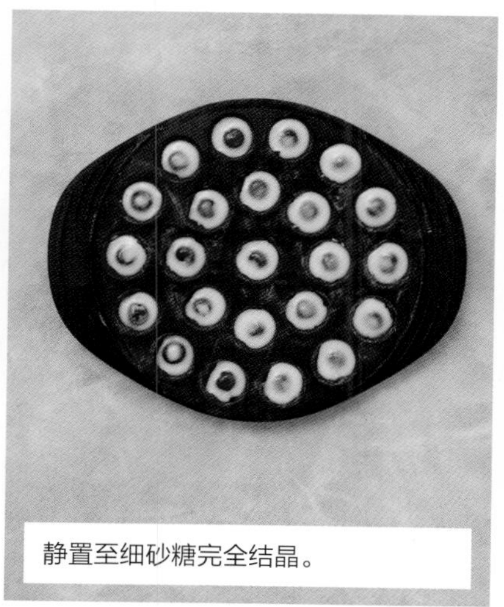

静置至细砂糖完全结晶。

待细砂糖硬后，每一模孔浇满调温好的巧克力。

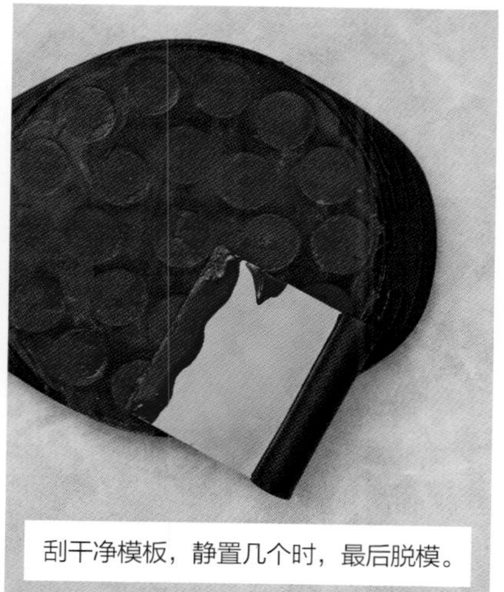

刮干净模板，静置几个时，最后脱模。

巧克力静置于阴凉处7天，在此期间，其中的细砂糖在酒作用下会转化为糖浆。

巧克力杏仁糖

搭配饮料 咖啡//爱玛乐（接近焦糖味的甜酒）

操作时间

+

烤煮时间

+

静置时间

=

总时间

难度

配方（约90块巧克力）

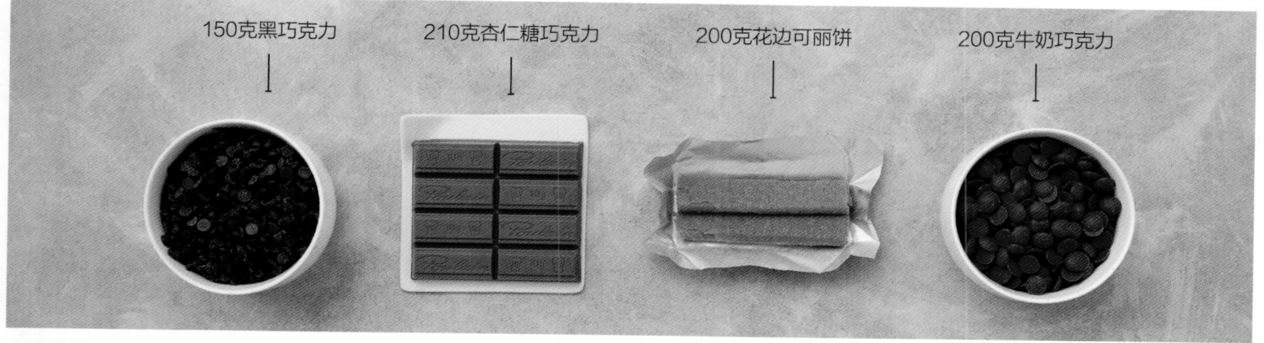

乳化物

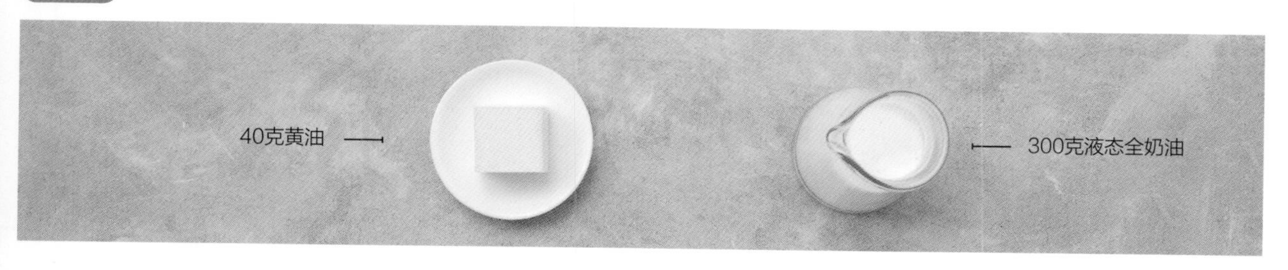

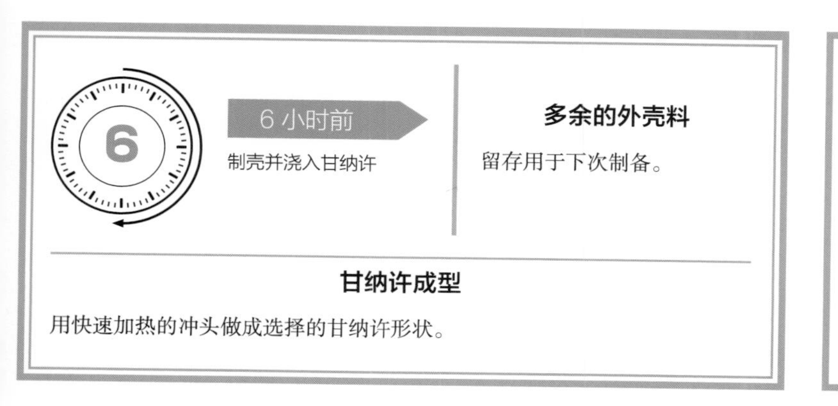

6 小时前

制壳并浇入甘纳许

多余的外壳料

留存用于下次制备。

甘纳许成型

用快速加热的冲头做成选择的甘纳许形状。

配方变化

果仁咖啡巧克力

▶ 杏仁糖巧克力用浓咖啡甘纳许替代。

爆米花巧克力

▶ 花边可丽饼用爆米花替代。

杏仁糖巧克力脆底

+ 烧煮 3分钟　+ 静置 15分钟

将200克牛奶巧克力捣碎，然后用水浴或低功率微波加热熔化。

厨艺大师秘诀

用微波炉熔化巧克力，要将微率功率调到500瓦，时间设为30秒，其间要拌匀两次。

在牛奶巧克力中加热210克杏仁糖巧克力，再加入200克切成大块的花边可丽饼。

仔细拌匀，并将此底料倒入12厘米×24厘米的框模内。

用铲子将混合物弄平，然后于冷藏室静置约15分钟，使其发脆。

制作甘纳许

+ 烧煮 3分钟　+ 静置 5小时

将150克黑巧克力剁碎，装入碗中。

在长柄中倒入300克液态全奶油及25克合金欢蜂蜜，搅拌均匀。

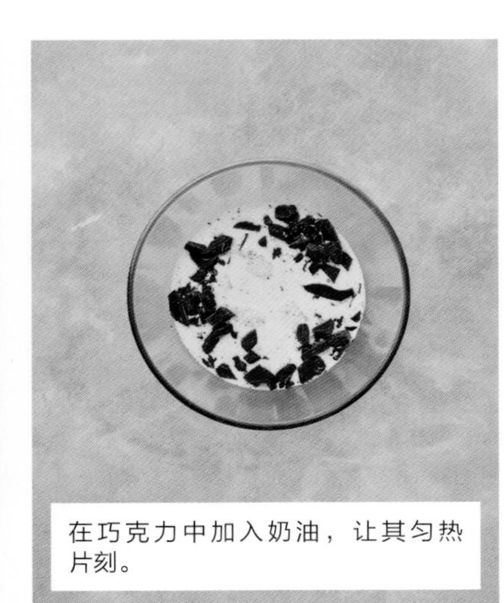
在巧克力中加入奶油，让其匀热片刻。

将甘纳许搅打均匀，然后再搅打加入40克软化黄油。

将半液态甘纳许倒在框模内的巧克力壳料上。于阴凉处静置使其完全结晶脆化。

将300克外壳用黑巧克力捣碎，装入嘁嘴盅。

将四分之三黑巧克力用水浴或微波加热到50℃熔化。

厨艺大师秘诀

用水浴熔化巧克力，有三点要注意：嘁嘴盅不能放在长柄锅水浴中；需要经常搅拌均匀；要避免水进入巧克力。

将熔化的黑巧克力从水浴取出，再加入并混匀其余的黑巧克力碎粒，一起冷却到27～28℃。

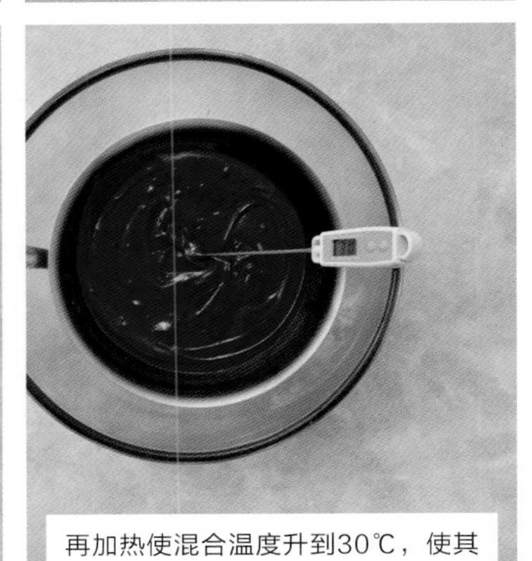
再加热使混合温度升到30℃，使其具有流动性，然后30～31℃间恒温。

厨艺大师秘诀

按巧克力结晶曲线操作，可确保巧克力均匀光亮。

4 切分巧克力

杏仁糖巧克力和甘纳许脱模。

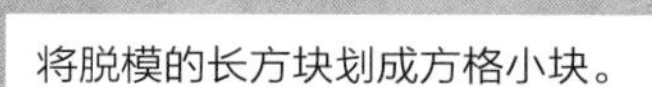

将脱模的长方块划成方格小块。

修整小方块巧克力。

5 蘸巧克力

+ 静置 20分钟

巧克力块蘸取熔化面料巧克力。去除多余蘸料，然后将巧克力块摆在塑料膜上。

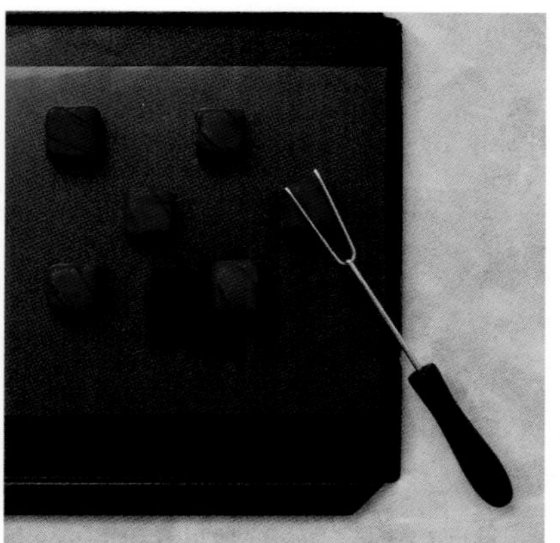

用叉子在巧克力表面做标记，待巧克力结晶完毕后，便可食用。

厨艺大师秘诀

使用塑料纸，用过渡性塑料纸，可得到光滑、有光泽和有印痕的巧克力。巧克力也可倒在浮雕图案盘上，得到光亮模型效果，这样，当然就不用叉子做标记了。

巧克力橙皮糖

● **搭配饮料** 柠檬酒//伯爵茶

操作时间

\+

烧煮时间

\+

静置时间

=

总时间

难度

配方（约80根橙皮巧克力）

果蔬

制备橙皮条。

如无合金欢蜂蜜

用其他蜂蜜或葡萄糖替代。

做成其他形状

用冲头模具将大块橙皮冲出所需形状。

配方变化

巧克力柚子皮

▶ 用柚子皮替代橙皮，但要用刀修整柚子皮。

巧克力榛子橙皮

▶ 盖浇巧克力前，在橙皮上撒烤榛子碎粒。

将4只橙子洗刷干净，然后将橙子外皮（略带白皮）刨下。

厨艺大师秘诀

刨橙子外皮，要可得到较大的橙皮条，也可得到较柔和的质地。

将橙皮切成5毫米宽的细条。

将橙皮条投入长柄锅。

加冷水没过橙皮条，煮沸。

水沸后，及时将橙皮条于流动水中冷却。

再次重复两次操作。

3 制作橙皮条蜜饯

5分钟

+ 烧煮 15分钟　+ 静置 1小时

橙子榨汁。

称取橙汁，如有必要加水，以得到300克橙汁。

将橙汁倒入长柄锅，加250克糖和25克合金欢蜂蜜，煮沸。

待糖完全溶解，投入漂烫的橙皮条。

煮沸，并保持微沸使果皮呈现透明柔软状。

沥出橙皮条，分散置于碟子中完全冷却。

4 熔化黑巧克力

15分钟

+ 烧煮 5分钟

将400克黑巧克力剁碎，装入嘴嘴盅。

在水浴中将黑巧克力加热到50~55℃。

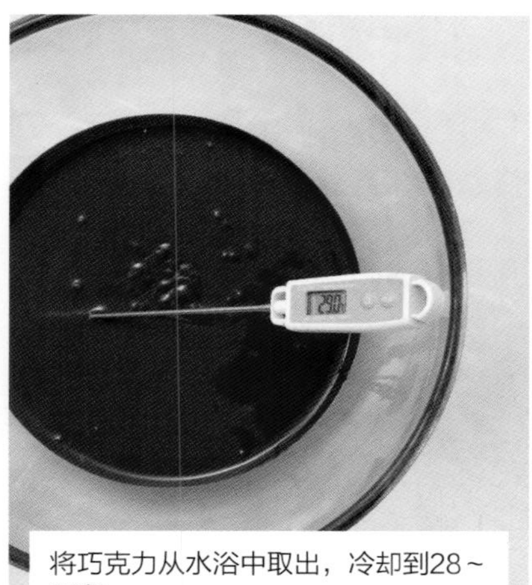

将巧克力从水浴中取出，冷却到28~29℃。

再放回水浴中加热升温2℃，达到30~31℃。

在温水浴中将巧克力维持在此温度。

5

制作巧克力橙皮条

15 分钟

+ 静置 15分钟

用叉子将几条橙皮条蜜饯投入巧克力酱。再提起叉子，沥去橙皮条多余的巧克力酱。

将橙皮条摆在塑料纸或烘焙纸上。

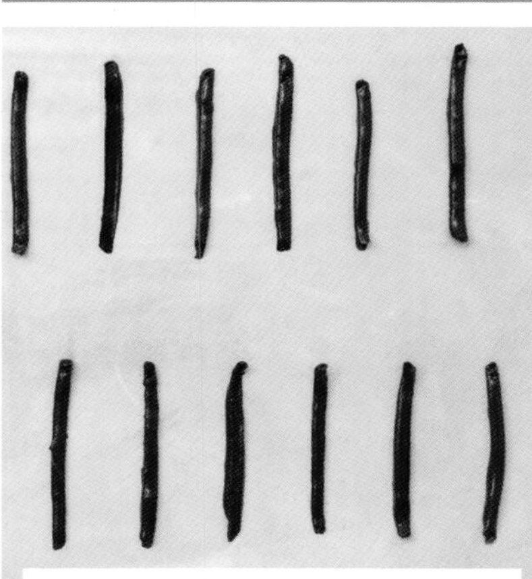

重复操作，将所有橙皮条做成巧克力橙皮条。

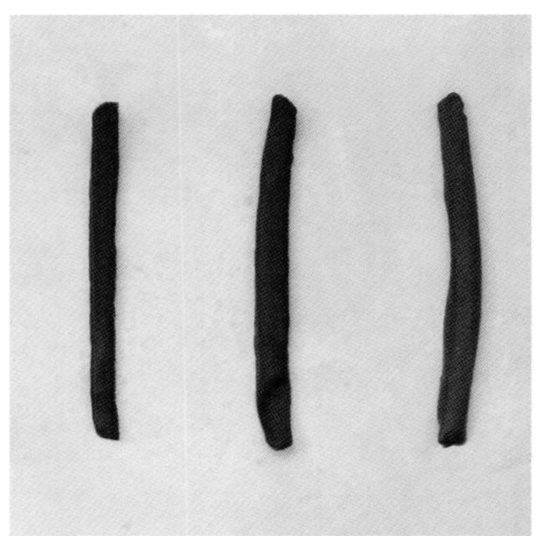

静置使巧克力完全结晶后，食用或贮存。

牛奶巧克力干果糖

- **搭配饮料** 黑咖啡//甜酒

操作时间

\+ 15分钟 烧煮时间

\+

静置时间

=

总时间

难度

配方（约20片巧克力）

其他形状

利用模具或硅胶印模做成选择形状的干果巧克力。

如无核桃

用榛子替代。

余下的干果

做成可口的蛋糕或自制谷物条。

配方变化

黑巧克力干果糖

▶ 用黑巧克力替代牛奶巧克力，但要注意巧克力的结晶曲线。

用其他干果制作

▶ 可以，但得到的不是真正的干果巧克力。

烤炉预热至160℃（第5～6挡）。将20克核桃仁摊在衬有烘焙纸的烤盘。

将烤盘放入烤炉，将温度调低到140℃（第4～5挡），烤12分钟左右。

厨艺大师秘诀

140℃的烘烤温度可缓慢地烤熟核桃，并生成诱人香味。

20克无花果干的花梗用小刀切去。

将无花果切成均匀的小块。

将20克葡萄干中所带的小梗剔除。

厨艺大师秘诀

选择匀称的葡萄干。软而中等大小的口味更佳。

将每个核桃仁切成两或三段。

3 牛奶巧克力调温

20 分钟

+ 烧煮 5分钟

将200克牛奶巧克力捣碎，装在一只嘬嘴盅里。

厨艺大师秘诀

用水浴熔化巧克力，有三点要注意：嘬嘴盅不能放在长柄锅水浴；需要经常搅拌均匀；要避免水进入巧克力。

用水浴将巧克力加热至50℃，使其熔化。

使巧克力冷却至27～28℃。

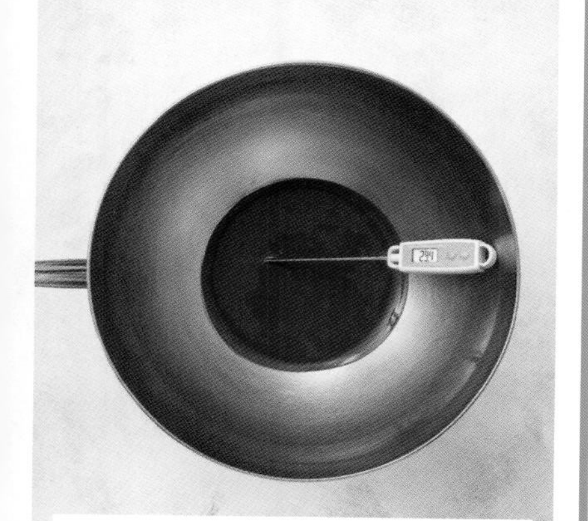

再使巧克力升温2℃，即将其加热到29～30℃。

厨艺大师秘诀

须密切注意温度，将其控制在巧克力光亮的值。

厨艺大师秘诀

也可用微波炉熔化巧克力，但要将微波功率调到500瓦，时间设为30秒，其间要拌匀两次。

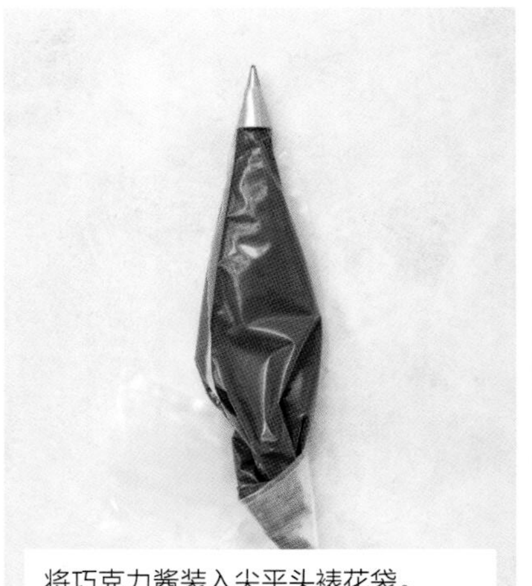
将巧克力酱装入尖平头裱花袋。

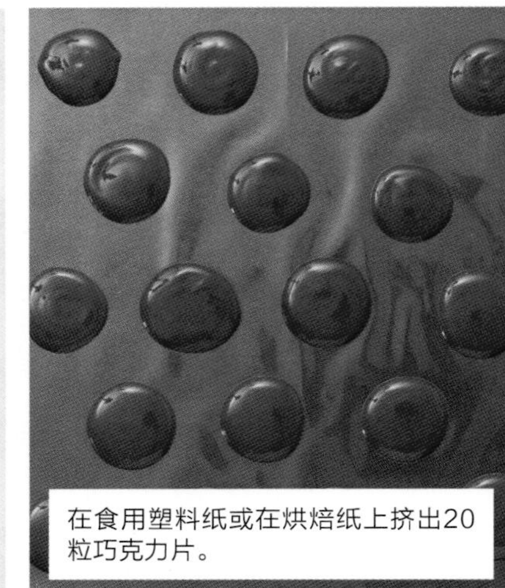
在食用塑料纸或在烘焙纸上挤出20粒巧克力片。

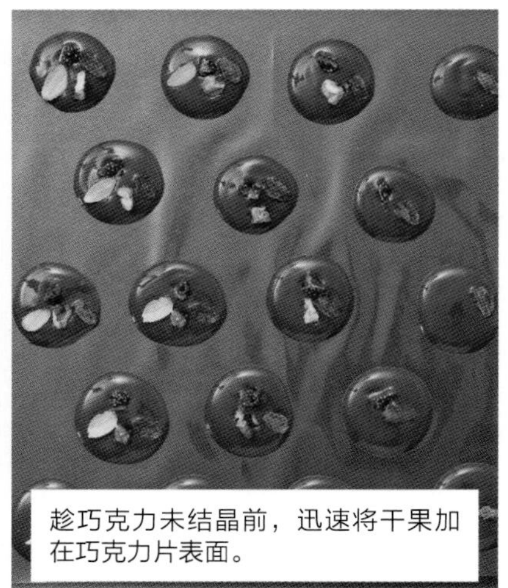
趁巧克力未结晶前，迅速将干果加在巧克力片表面。

巧克力干果糖用四种干果制成，每种代表基督教四大托钵修会宗教色袍颜色：即方济会、加尔默罗、多米尼加和奥古斯特。

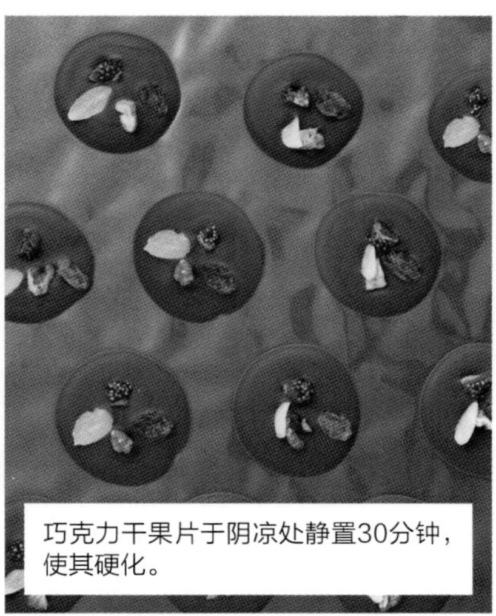
巧克力干果片于阴凉处静置30分钟，使其硬化。

小心收集巧克力片，装入密封盒内。

热巧克力、维也纳巧克力和薄荷巧克力

热巧克力
制作时间

维也纳巧克力
制作时间

薄荷巧克力
制作时间

★
难度

热巧克力（8人量）

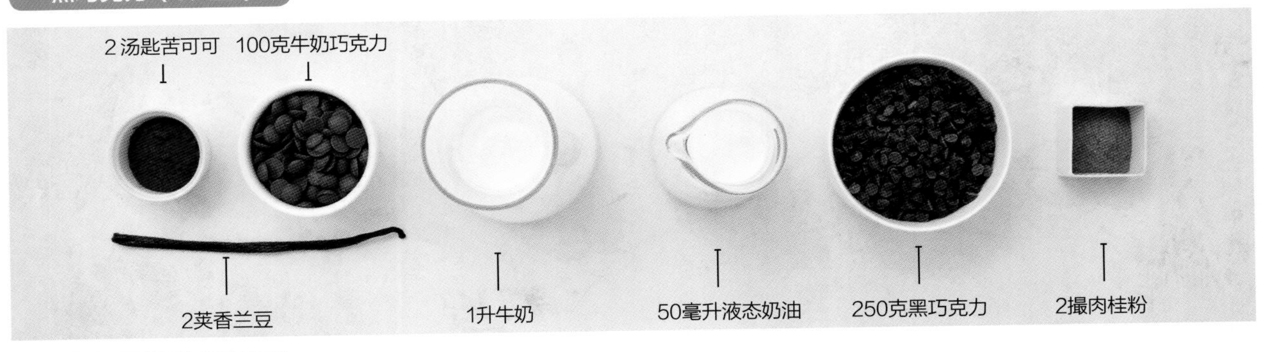

香兰豆巧克力（8人量）

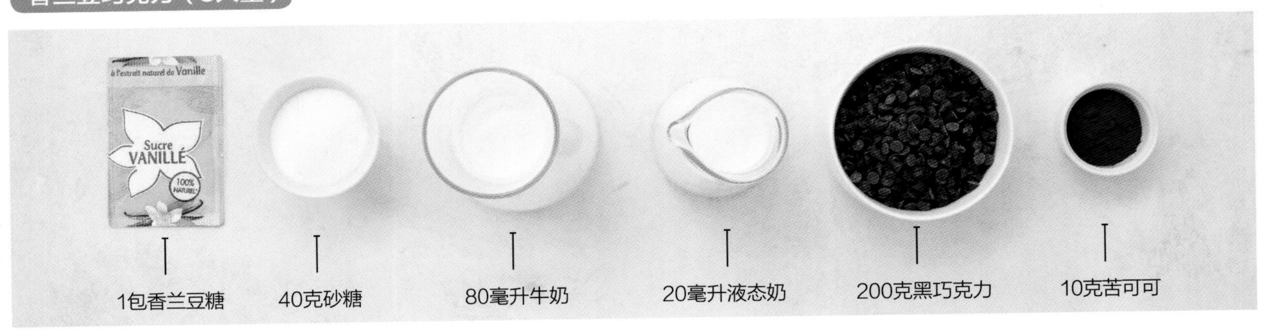

薄荷巧克力（8人量）

15分钟前

将香料或薄荷加入牛奶浸泡。

改用其他香料

将热巧克力中的香料换成橙皮、姜片和少许朗姆酒。

如无肉桂粉

用刨丝器刨一根肉豆蔻，或将其粉碎，加在牛奶中。

如无新鲜薄荷

用一包或两包袋泡薄荷替代。

八点后白巧克力

将黑巧克力用白巧克力替代，注意减少糖的用量。

配方变化

果仁糖巧克力

▶ 用果仁酱替代牛奶巧克力。

姜巧克力

▶ 用姜丝替代薄荷。

巧克力慕斯

▶ 用奶油替代巧克力中的牛奶并过滤，然后用虹吸管制成轻慕斯。

1

热巧克力

10 分钟

+ 烧煮 5分钟　+ 静置 5分钟

将1升牛奶和50毫升液态奶油倒入长柄锅，再加2撮肉桂粉。

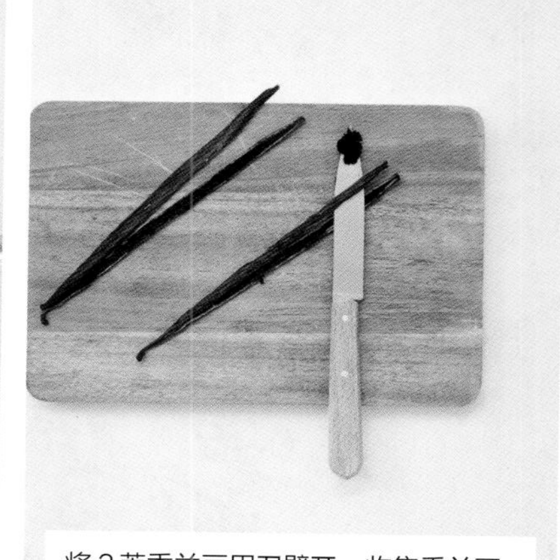

将2荚香兰豆用刀劈开，收集香兰豆。

将香兰豆投入牛奶，加热至沸，然后关火，再让香兰豆泡几分钟。

厨艺大师秘诀

浸泡的香料越多，要得到的香气越浓也越复杂。设想将液体扩散。热量停留时间越长，扩散作用越好。

加2汤勺苦可可粉，然后搅拌，使粉块均匀分散。

将250克黑巧克力和100克牛奶巧克力剁碎，加入热牛奶中，并搅匀。

为得到泡沫巧克力，应剧烈搅打，最好用搅拌机搅打。

厨艺大师秘诀

利用搅拌机，可将空气搅入液体，从而使巧克力产生很多泡沫并更具光滑感，但会使颜色变淡。

2

维也纳巧克力

10 分钟

+ 烧煮 3分钟　+ 静置 7分钟

将200克黑巧克力捣碎。

将80毫升牛奶加40克砂糖，煮沸。

将煮沸的牛奶浇在捣碎的巧克力上，并让其热作用片刻。

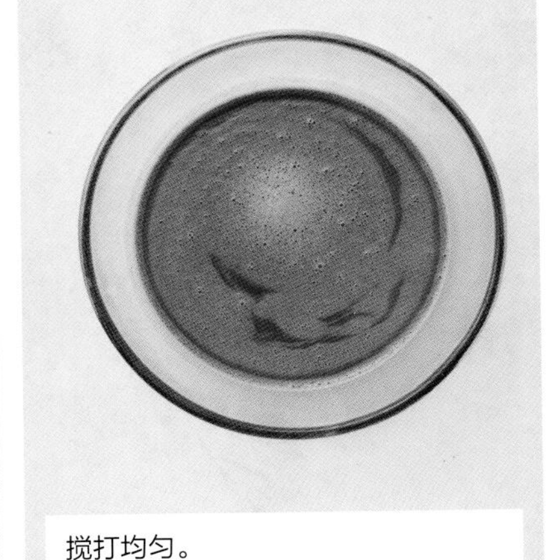

搅打均匀。

用冷容器冷藏的奶油和香兰豆糖搅打成均匀的泡沫奶油。

检查巧克力液的温度，如有必要再加热。

将热巧克力分装于8只小碗中，每碗加入1勺搅打的奶油。

再筛入可可粉，食用前不要混合。

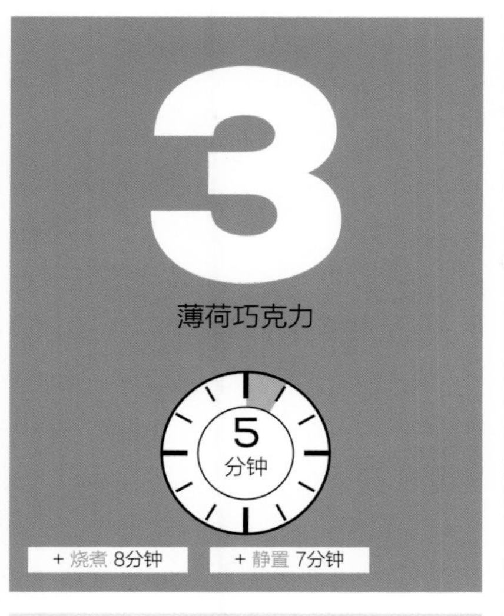

3

薄荷巧克力

5 分钟

+ 烧煮 8分钟　+ 静置 7分钟

将1升牛奶和50克糖加入长柄锅，煮沸，关火，稍候片刻。

将1束薄荷洗净，用滤纸吸干后投入热牛奶中。

让薄荷浸泡几分钟。

牛奶过筛滤去薄荷。

牛奶中加200克黑巧克力碎片，加热。

不断搅打使巧克力熔化，并注意不要使锅底煮煳。

待巧克力熔化，且牛奶达到所需温度时，将混合液搅打成泡沫体。

将搅打器头小心倾斜置于液体表面有利于形成泡沫。

穹壳三色巧克力

1小时20分钟 操作时间 + 35分钟 烧煮时间 + 9小时 静置时间 = 10小时55分钟 总时间 ★★ 难度

配方（约10~12人量）

乳化物

配方变化

焦糖穹壳三色巧克力

▶ 用焦糖泡沫替代牛奶巧克力泡沫。

树莓穹壳三色巧克力

▶ 在黑巧克力中加入树莓浆。

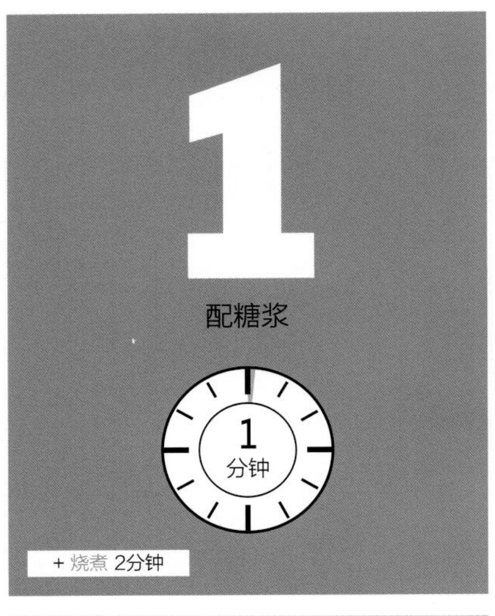

100克水加50克糖，煮沸。关火，冷却。烤炉预热到170℃（第5～6挡）。

将3个鸡蛋和90克糖快速搅打成带状混合物。

50克面粉、25克玉米粉和15克可可粉过筛。

逐渐将此过筛混合物加入搅打的蛋液中。

将蛋糕糊倒在衬有烘焙纸的烤盘中，送入烤炉，烘烤10～12分钟。

捣碎100克白巧克力，并用水浴加热熔化。将2张明胶片置于冷水软化。

将50克液态奶油煮沸，关火，从灶上移开。将明胶片拧干投入奶油，使其溶化。

将热奶油倒入熔化的白巧克力，搅匀混合物。

将250克冷奶油搅打起泡沫，但不能太坚挺。

迅速将三分之一搅打的奶油混合到尚热的甘纳许中，然后再慢慢加入其余的奶油。

将白巧克力泡沫倒入直径20厘米的半球形模具。在冰箱中静置至少30分钟。

4

糖霜

5 分钟

+ 烧煮 10分钟

将3张半明胶片置于冷水中软化。

在适当大小和高度的烧锅中加入145克水、125克奶油和180克糖。

煮沸，在后面的数分钟内，边煮边分批搅拌加入可可粉。

静置片刻，再加入拧干的明胶，然后静置冷却。

5

牛奶巧克力泡沫

15 分钟

+ 烧煮 3分钟　+ 静置 30分钟

将180克牛奶巧克力剁碎，用水浴或低功率（不超过500瓦）微波炉加热熔化。

1张明胶片在冷水中软化。将50克液态奶油煮沸。

将奶油从灶上移开。拧干明胶片，投入煮沸的奶油，使其溶化。

将奶油倒入熔化的牛奶巧克力中，然后搅拌均匀。

将220克冷藏液态奶油搅打起泡，但泡沫不要太坚挺。

迅速将三分之一奶油加入热巧克力混合物中，然后慢慢加入其余奶油。

将牛奶巧克力泡沫倒在白巧克力泡沫中，再倒入冷透的模具中。

6

切割圆饼及涂软料

7 分钟

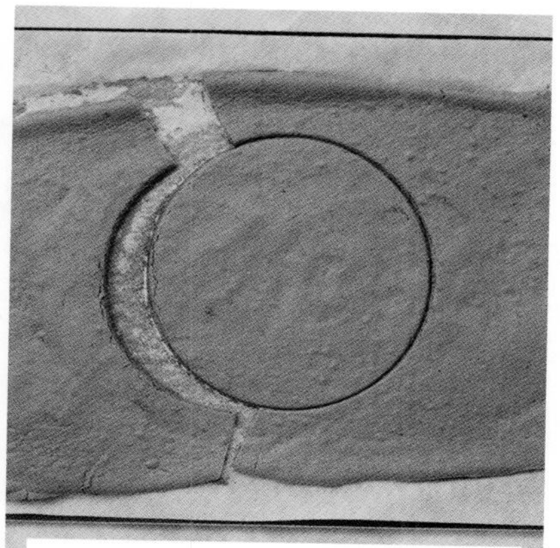

将烤好的蛋糕饼用糕点圈模切割出与模具相同直径（20厘米）的圆片。

将40克黑巧克力捣碎，与可可脂一起，用水浴加热熔化，搅拌均匀。

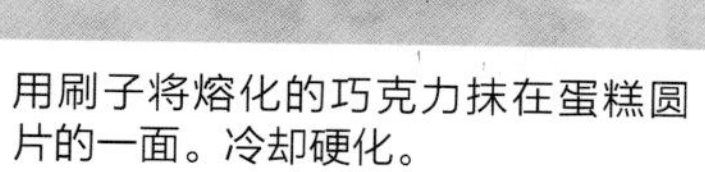

用刷子将熔化的巧克力抹在蛋糕圆片的一面。冷却硬化。

7

黑巧克力泡沫

15 分钟

+ 烧煮 3分钟

将110克黑巧克力捣碎，然后用水浴加热慢慢熔化。

将冷透的340克液态奶油搅打起泡，但泡沫不要太坚挺。

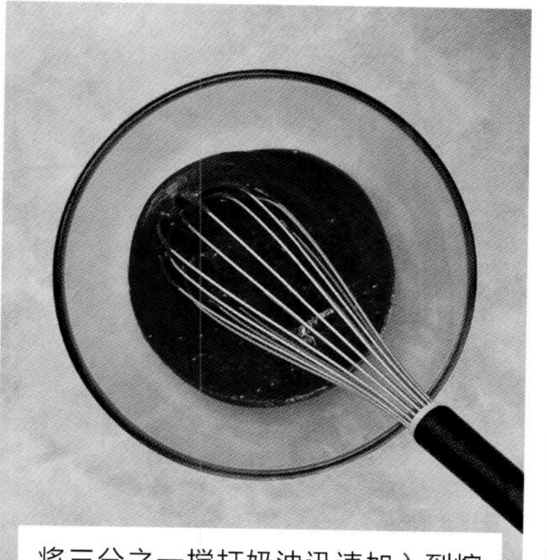

将三分之一搅打奶油迅速加入到熔化尚热的黑巧克力中。

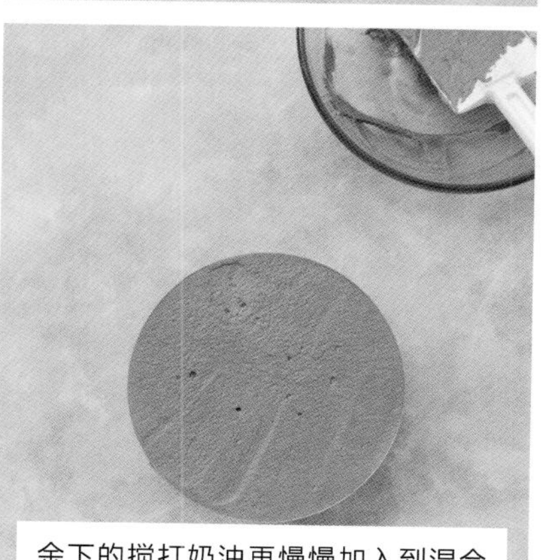

余下的搅打奶油再慢慢加入到混合物中，然后将黑巧克力泡沫倒入牛奶巧克力泡沫。

8 湿润脆饼

3 分钟

+ 静置 8小时

用刷子蘸冷糖浆，涂在蛋糕圆片未抹巧克力的一面。

迅速将涂过糖浆的蛋糕圆片置于黑巧克力泡沫上，压紧使其粘住。

将蛋糕饼置于冷藏室至少8小时，以便脱模。

9 脱模并塑造穹壳

5 分钟

+ 烧煮 2分钟

将穹壳从其模具中提出，置于架在（用于收集多余的蛋糕盖浇物）大碗上的格栅上。

将盖浇物用低功率（不超过500瓦）微波或水浴加热至可流动，但不要太热。

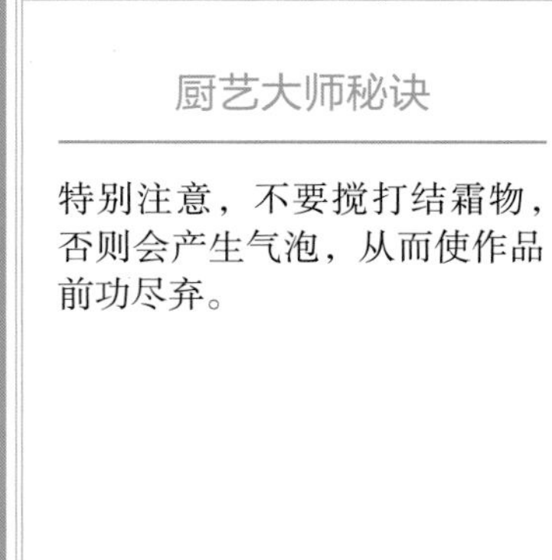

厨艺大师秘诀

特别注意，不要搅打结霜物，否则会产生气泡，从而使作品前功尽弃。

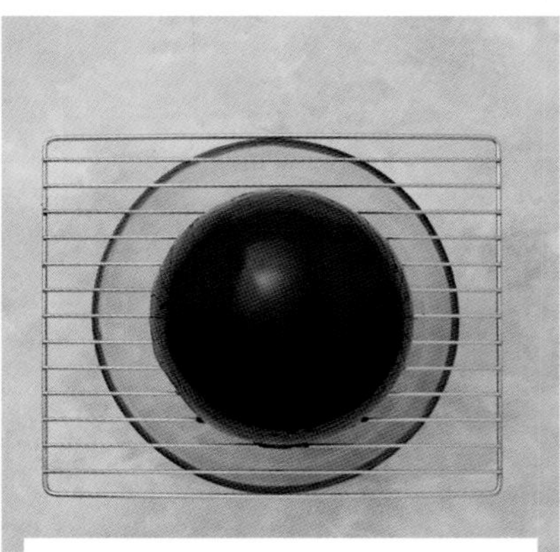

将盖浇物均匀地浇在固化的穹面上，使其往下滑流，重复一次操作，以得到光滑的盖壳面。

巧克力蛋糕

● **搭配饮料** 苹果酒//热巧克力

30分钟 + 40分钟 = 1小时10分钟 ★

操作时间　烤煮时间　总时间　难度

配方（约8人量）

乳化物

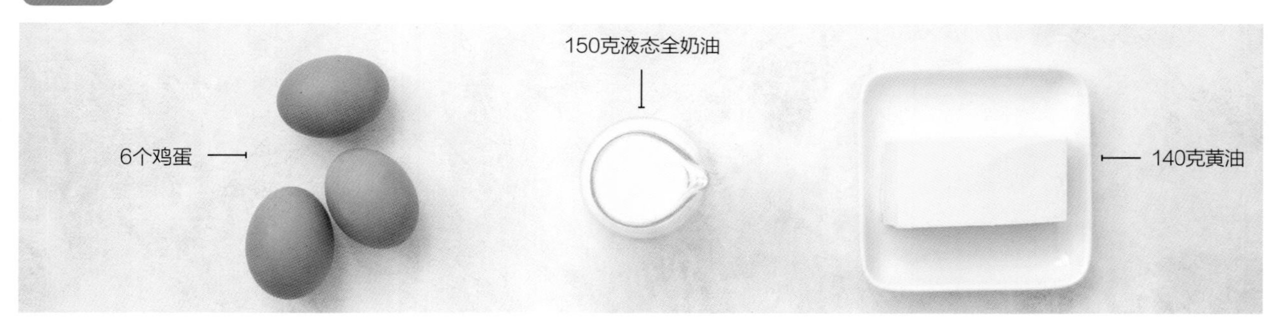

改变形状

巧克力蛋糕通常为长方体，也可做成任何形状，但要注意烘烤时间。

多余的奶油

做成尚蒂利，与蛋糕一起食用。

如无甜酒

用果酒（樱桃酒，李子酒）替代，也可不加。

配方变化

碎粒巧克力蛋糕

▶ 在巧克力蛋糕糊中加碎巧克力。

橙皮巧克力蛋糕

▶ 在巧克力蛋糕糊中加橙皮蜜饯丁。

将20克黄油熔化，用刷子涂在蛋糕模内侧。

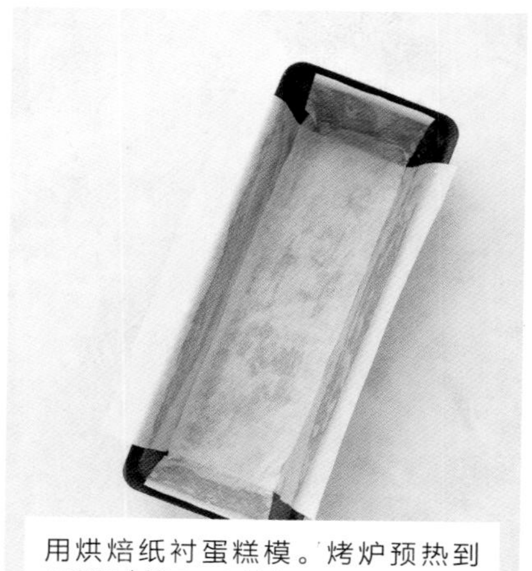

用烘焙纸衬蛋糕模。烤炉预热到160℃（第5~6挡）。

厨艺大师秘诀

如炉温太高，蛋糕四周会变硬，从而影响正常发面。

将80克黑巧克力剁碎，置于嘅嘴盅或碗中。

将200克黄油切成丁，加入剁碎的巧克力。

用水浴或微波炉加热，慢慢使黄油和巧克力熔化。

厨艺大师秘诀

用水浴熔化巧克力要注意三点：嘅嘴盅不能用长柄锅做水浴；必须不断搅拌；避免水进入巧克力。

厨艺大师秘诀

用微波炉熔化巧克力，要将微波功率调到500瓦，时间设为30秒，其间要拌匀两次。

将260克面粉、30克苦可可粉和1包化学发酵剂混合。

混合粉过筛并收集于适当容器。

于碗中搅打6个鸡蛋和250克糖。

将过筛的可可粉加入蛋清。

加入150克液态奶油，再加入巧克力黄油混合物。

加5毫升甜酒增香。

小心地将蛋糕糊倒入衬纸的模具，注意不要弄到边上。

将蛋糕模送入烤炉，烘烤30~40分钟。

烘烤时间注意观察蛋糕：如果颜色太深，则在面上罩一张铝箔。

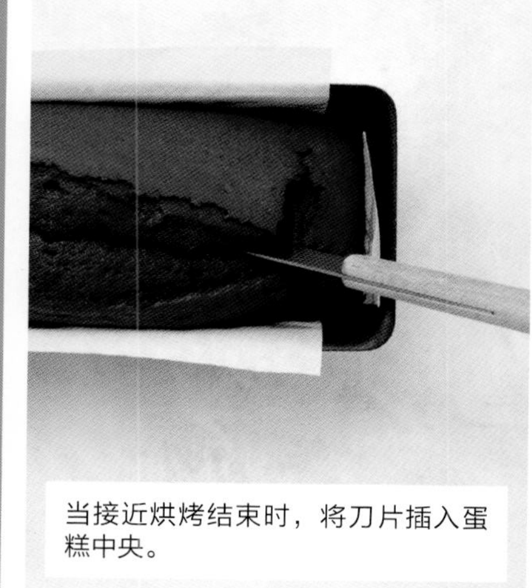

当接近烘烤结束时，将刀片插入蛋糕中央。

抽出的刀片如发湿，则延长烘烤几分钟。

如抽出的刀片正常，则将蛋糕取出烤炉，冷却。

厨艺大师秘诀

为能将蛋糕保存2～3个星期，可在糖水中浸一下，再用玻璃纸包裹。

牛奶巧克力米布丁

- **搭配饮料** 阿斯蒂斯起泡酒//热奶咖啡

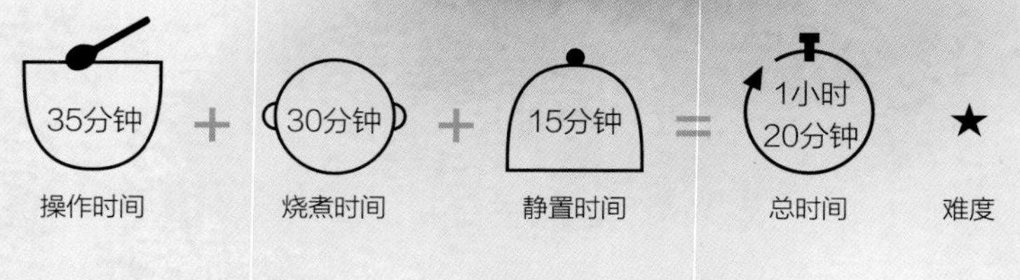

配方（约8人量）

乳化物

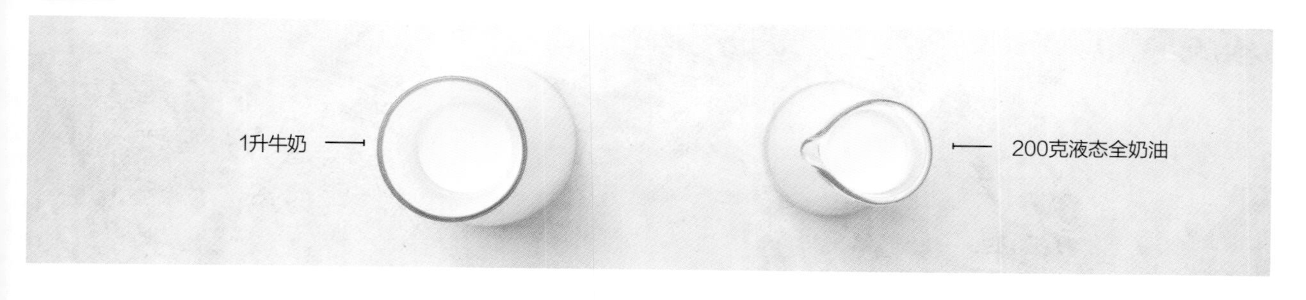

多余的米饭

做成稍扁平的饭团，裹面包粉油炸，与美味肉饼一道食用。

更诱人的风味

在牛奶米饭中加焦糖浆或咖啡。

如无圆米

用其他大米，但注意，淀粉含量如果较低，则效果要差些。

配方变化

黑巧克力米布丁

▶ 它更受巧克力爱好者喜爱。

香兰素牛奶巧克力米布丁

▶ 在牛奶米饭中加香兰素可增加风味。

1 烫米

3 分钟

+ 烧煮 2分钟

将100克圆米洗净，倒入长柄锅，加冷水没过米。

先煮沸，再微沸煮30秒。

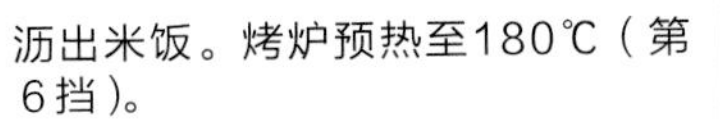

沥出米饭。烤炉预热至180℃（第6挡）。

2 准备牛奶

5 分钟

+ 烧煮 2分钟

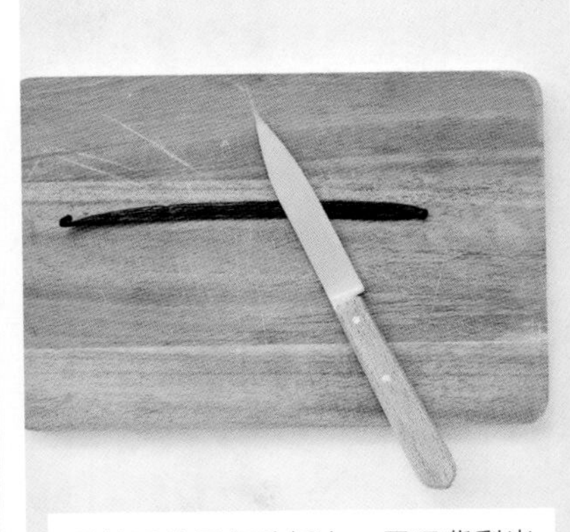
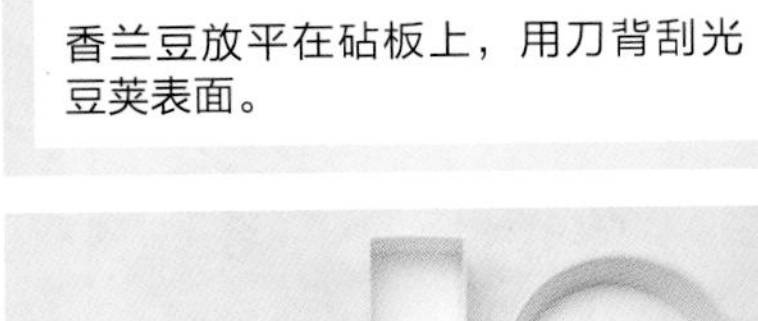

香兰豆放平在砧板上，用刀背刮光豆荚表面。

用刀破开整条香兰豆荚。

用刀刃从豆荚内抠出香兰豆。

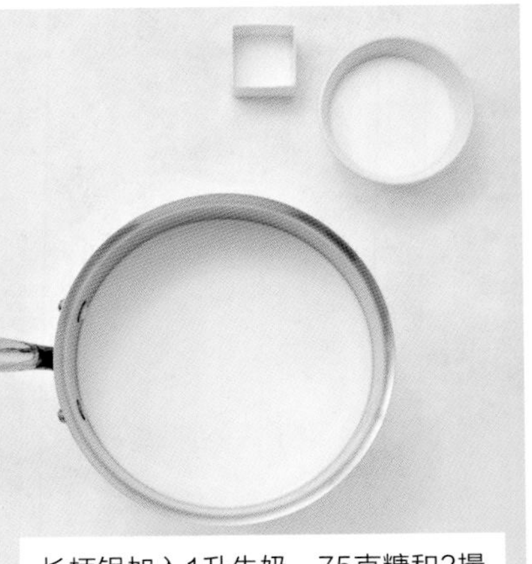

长柄锅加入1升牛奶、75克糖和2撮细盐。

加入香兰豆荚和香兰豆，煮沸。

将米加入煮沸的牛奶中。搅匀，加盖。

将锅置于灶上，连续煮20～25分钟。

将125克牛奶巧克力捣碎。

检查米饭，它应当吸收大部分牛奶，并且应当熟透。

将巧克力投入热米饭。

用软铲缓缓搅动使巧克力完全熔化。

将巧克力米饭倒入大碗，静置15分钟。

5 搅打奶油

将200克冷透的奶油倒入预冷的盆中，搅打。

奶油搅打至起泡，但泡沫不要太坚挺。

厨艺大师秘诀

奶油不应太坚挺，因为它还要与米饭混合。

6 巧克力米饭

将三分之一搅打的奶油加入温热的米饭中，迅速用软铲搅匀，注意不要将饭粒弄碎。

待牛奶米饭变柔滑，再用软铲搅动慢慢加入其余的奶油。

将米饭装入罐子或杯子，注意不要弄到壁上。

甘纳许派

● **搭配饮料** 肉桂巧克力//核桃酒

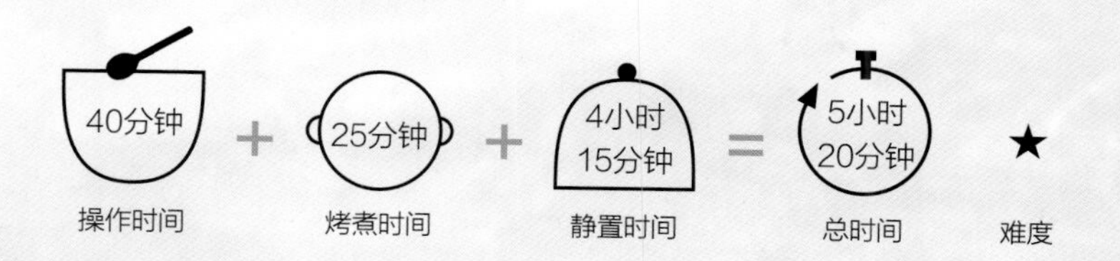

配方（8人量）

乳化物

1小时前

取出所有杏仁饼配料于室温下恒温。

改变形状

利用模具做成方派。

如无蜂蜜

用葡萄浆替代。

多余的派面团

做成酥饼。

配方变化

果仁咖啡巧克力

▶ 杏仁糖巧克力用浓咖啡甘纳许替代。

爆米花巧克力

▶ 花边可丽饼用爆米花替代。

1

杏仁酥面团

15 分钟

+ 静置 3分钟

将125克黄油软化，然后与90克冰糖混合成光滑的奶油状。

打入1个（室温）鸡蛋，一起混合成乳化物。

将25克杏仁粉、210克面粉和1撮细盐混合起来。

将以上两制备物搅打混合，注意避免过度搅打。

将混合物倒在撒过面粉的案板上，搓揉成球。

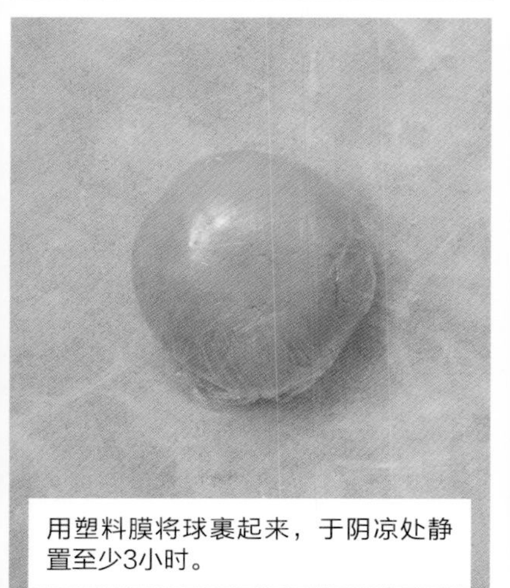

用塑料膜将球裹起来，于阴凉处静置至少3小时。

2

做饼盆

10 分钟

+ 静置 15分钟

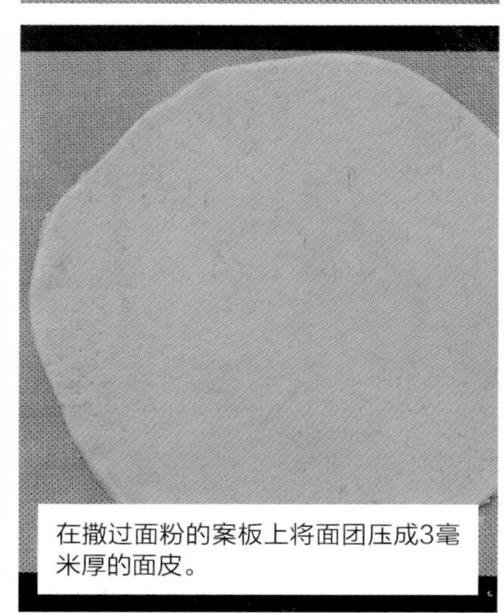

在撒过面粉的案板上将面团压成3毫米厚的面皮。

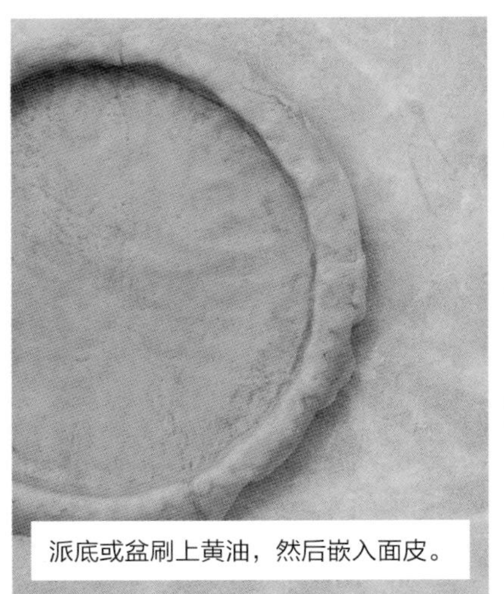

派底或盆刷上黄油，然后嵌入面皮。

用刀将圈口上多余的面皮削掉，然后用叉齿在盆底刺小孔。

饼盆坯静置于冷藏室几分钟硬化。同时，烤炉预热至180℃（第6挡）。

剪取一张大圆形烘烤纸，并沿圆周剪出边缘。

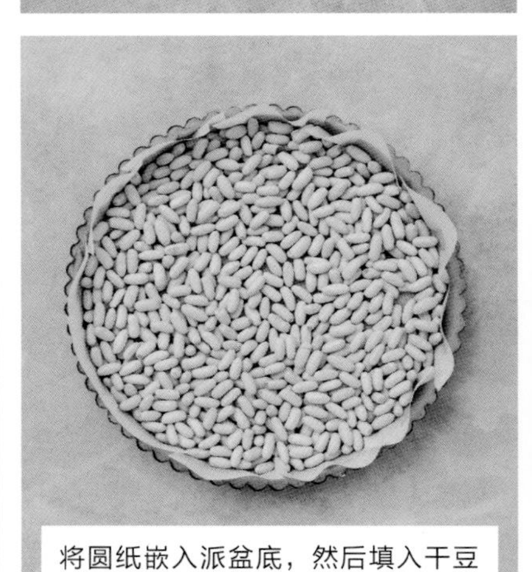

将圆纸嵌入派盆底，然后填入干豆或烘烤粉，填至盆口为止。

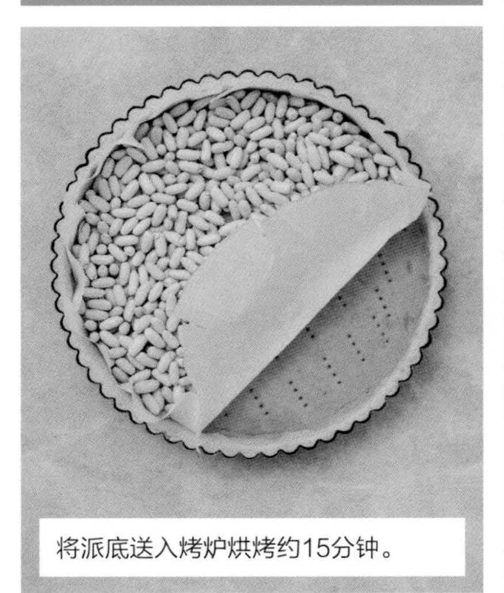

将派底送入烤炉烘烤约15分钟。

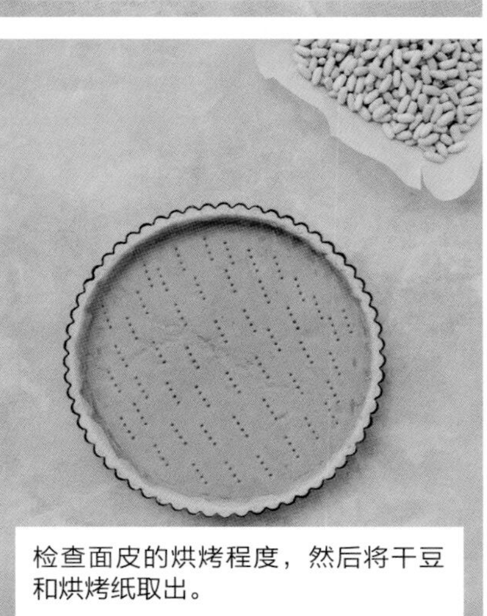

检查面皮的烘烤程度，然后将干豆和烘烤纸取出。

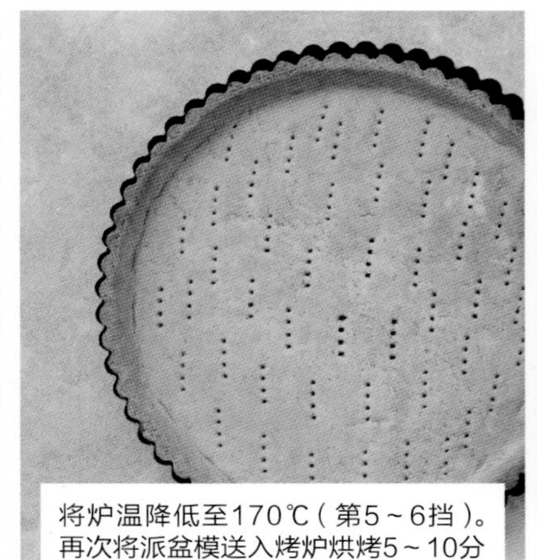

将炉温降低至170℃（第5～6挡）。再次将派盆模送入烤炉烘烤5～10分钟，直至变色。

将200克黑巧克力捣碎，然后装在一混合盆中。

将250克液体奶油、50克黄油和25克蜂蜜混合在长柄锅中。

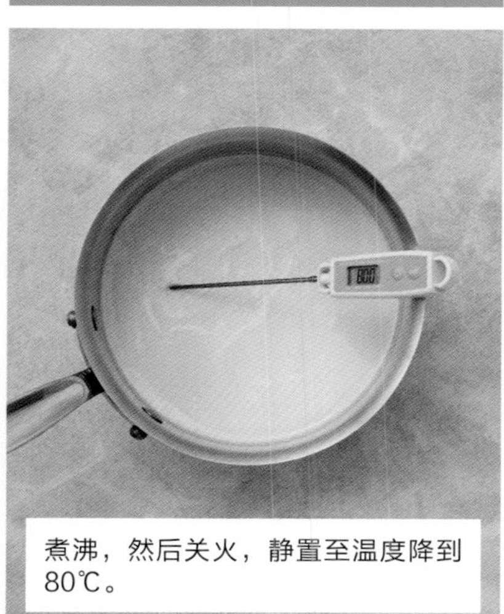

煮沸，然后关火，静置至温度降到80℃。

将奶油倒入捣碎的巧克力上，让其热作用片刻。

先从中央开始搅打混合此甘纳许，然后逐渐搅打至外围物料。

用手持式搅拌机搅打成乳化液。

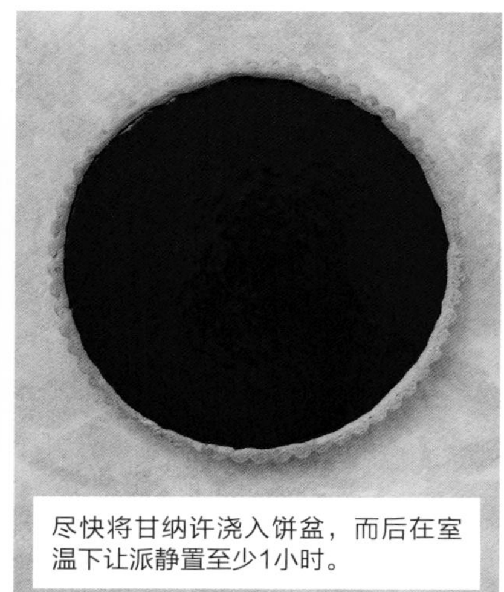

尽快将甘纳许浇入饼盆，而后在室温下让派静置至少1小时。

全巧克力派

● **搭配饮料** 巴旦杏仁糖水//麝香葡萄酒

配方（8人量）

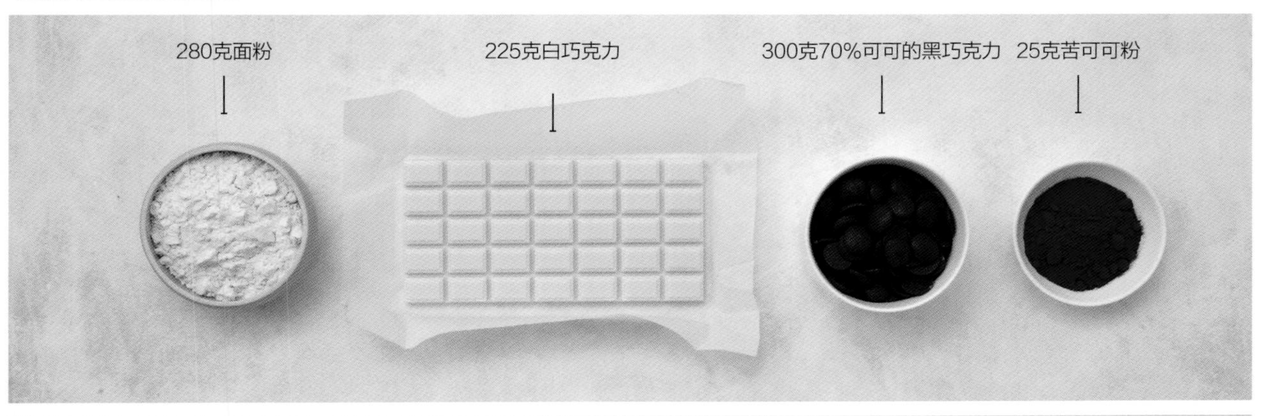

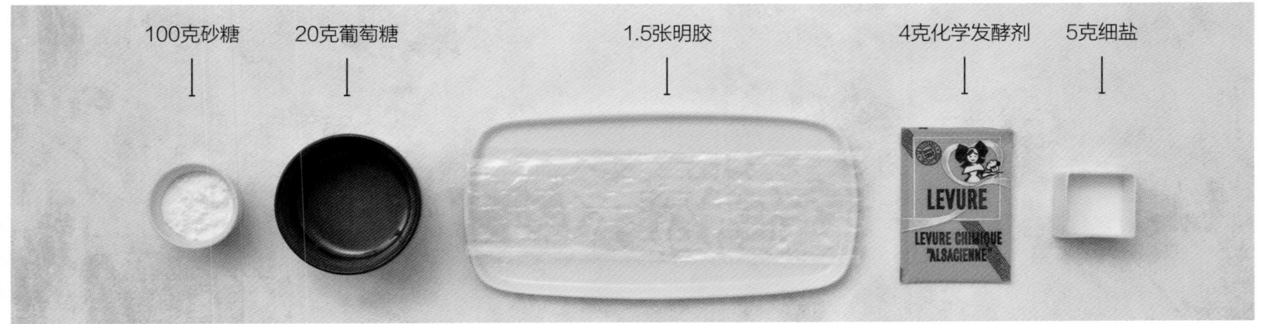

乳化物

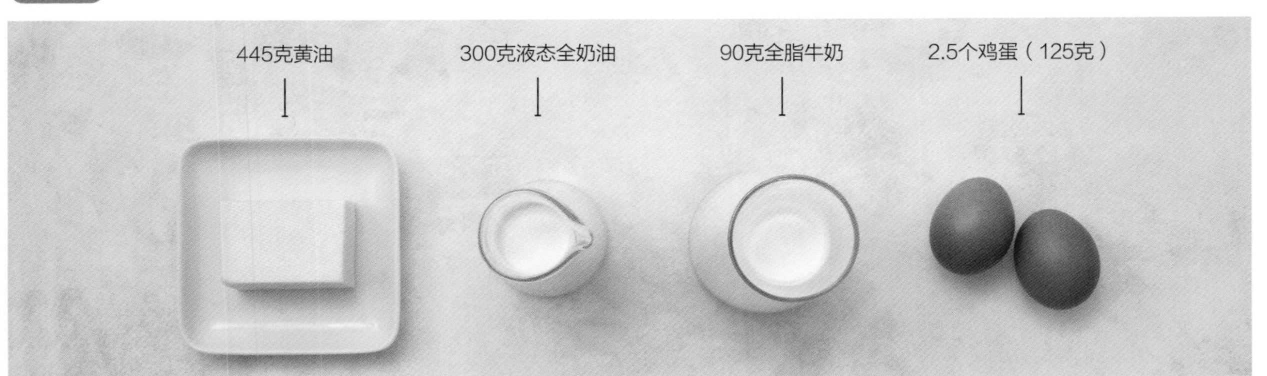

改变形状

将构成元素层叠在不同的罐子中。

如无化学发酵剂

用碳酸氢钠替代。

多余的面团

做成可口的小饼干。

配方变化

巧克力百香果派

▶ 在甘纳许中加百香果。

巧克力开心果派

▶ 在面团中加开心果粉，在面料中加开心果酱。

1

派面团

10
分钟

+ 静置 1小时

250克面粉、25克可可粉和4克化学发酵剂过筛。

将125克软化黄油和100克糖搅打成光滑的奶油糊。

迅速搅打1个鸡蛋和5克细盐，然后将混合物加入前面的制备物中。

加入过筛混合物，然后调匀混合，但不要搅打过头，以避免破坏质构。

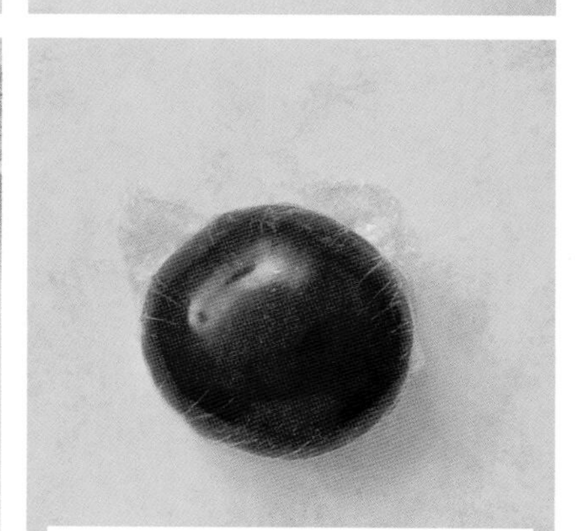

将混合物做成一个球，用食用塑料膜包裹起来，置于冷藏室至少1小时。

2

制作派盆壳

10
分钟

+ 静置 15分钟

在撒过面粉的案板上将面团压成3毫米厚的面皮。对圈模或盘模内侧涂黄油，然后将面皮嵌入模具。

用刀削去模具口多余的面皮，再用叉齿在面皮盆底刺小孔。

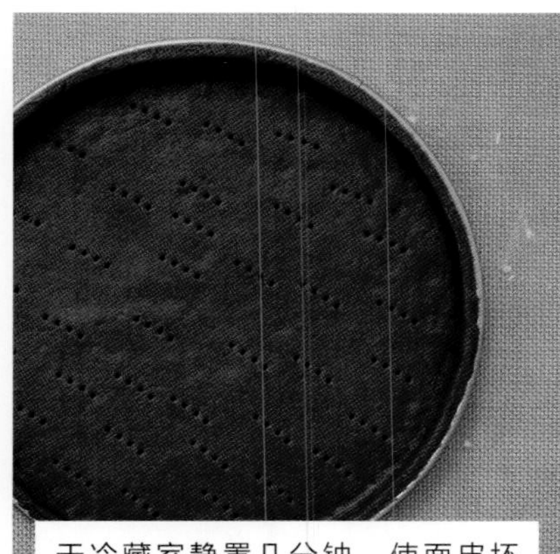

于冷藏室静置几分钟，使面皮坯硬化。同时，烤炉预热至180℃（第6挡）。

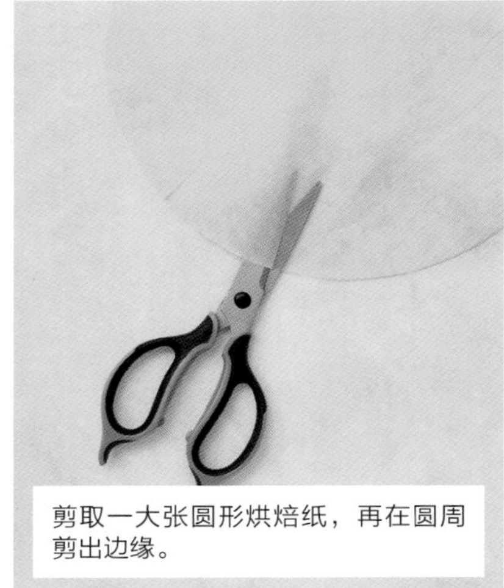

剪取一大张圆形烘焙纸，再在圆周剪出边缘。

将烘烤纸嵌入馅饼盆内，然后填入干豆或烘烤珠，特别注意要填到盆边。

送入烤炉烘烤约15分钟。

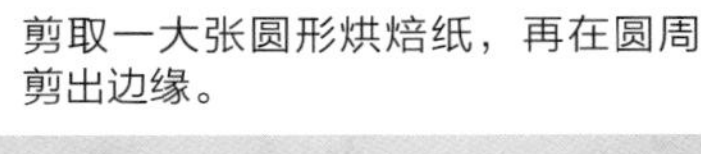

检查面饼盆的烘烤程度，然后倒出干豆及烘烤纸。

将炉温调低到170℃（第5～6挡）。再将派壳盆送回烤炉烘烤5～10分钟，直到颜色变深。

将300克黑巧克力捣碎。将300克奶油煮沸，然后浇在巧克力中，并让其热作用片刻。

将混合物搅打成光滑的甘纳许，然后加入75克搅匀的鸡蛋。烤炉预热至140℃（第4～5挡）。

5 烘烤巧克力派

5分钟

+ 烘烤 15分钟

将黑巧克力糊浇入馅饼盆至四分之三高度。

送入烤炉烘烤10～15分钟，使巧克力糊胀起，然后冷却透。

6 白巧克力浇面

10分钟

+ 静置 10分钟

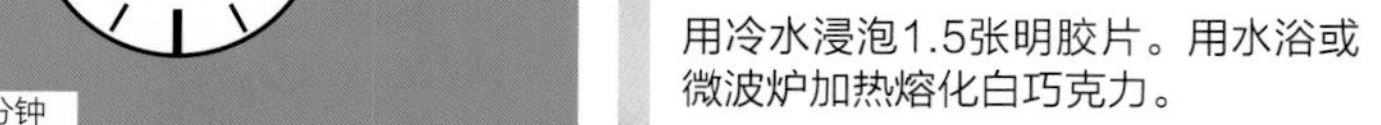

用冷水浸泡1.5张明胶片。用水浴或微波炉加热熔化白巧克力。

将90克牛奶和20克葡萄糖煮沸。全部倒入白巧克力中，并搅匀。

将湿明胶片拧干，然后投入尚热的混合物中。用前保持温热。

将白巧克力面料浇在派表面。再摆上黑巧克力或牛奶巧克力饰件（参见165页）。

巧克力千层酥

● **搭配饮料** 格雷夫人茶//粉红香槟

配方（8人量）

乳化物

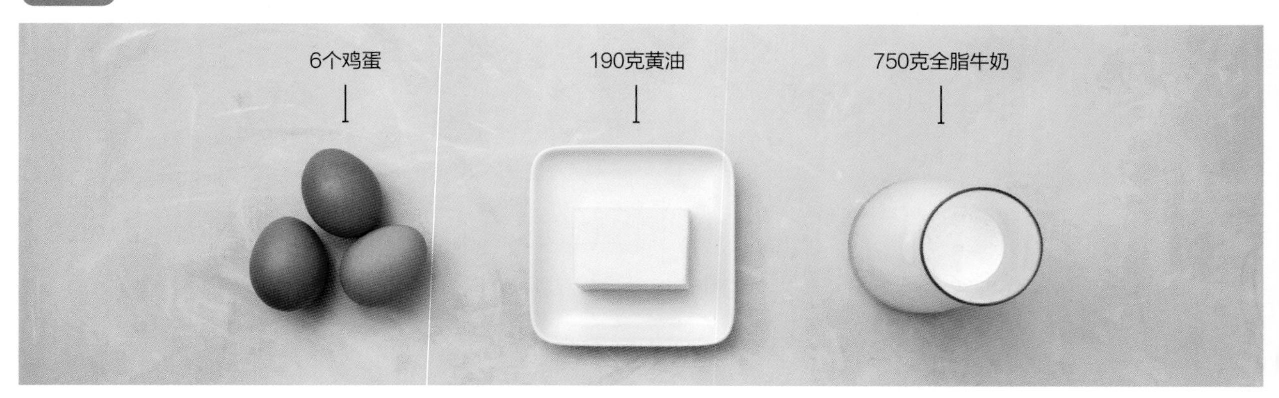

多余的面团

做成小点心品尝。

改变形状

将千层酥面团切成圆形。

无杏果酱

改用杏果冻。

配方变化

果仁咖啡巧克力

▶ 杏仁糖巧克力用浓咖啡甘纳许替代。

爆米花巧克力

▶ 花边可丽饼用爆米花替代。

1

和面

5分钟

+静置 10分钟　+烧煮 3分钟

将240克面粉和20克可可粉加在一起过筛。

5克盐溶于125克冷水。

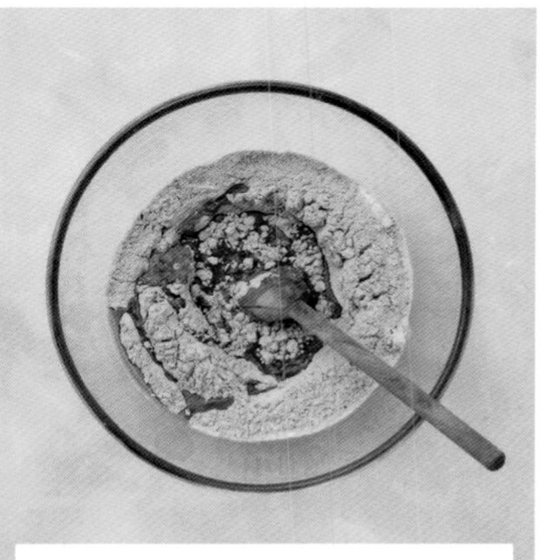

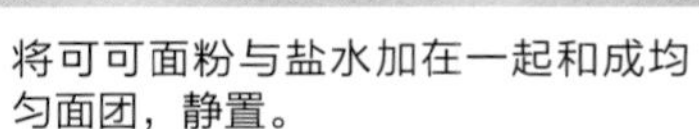

将可可面粉与盐水加在一起和成均匀面团，静置。

厨艺大师秘诀

面团不能搅揉过分，以免产生弹性。

2

折叠酥层

25分钟

+静置 1小时

将软化的190克黄油与20克苦可可粉混合均匀。

将混合物夹于两张烘烤纸间，压成1.5厘米厚的方块。于冷藏室静置硬化。

在案板上撒面粉。将面团压成厚1.5厘米的圆片，然后将黄油方块摆于中央。

将面团片四周朝黄油块折叠成信封状。用擀面杖滚压，使黄油紧贴面团片。

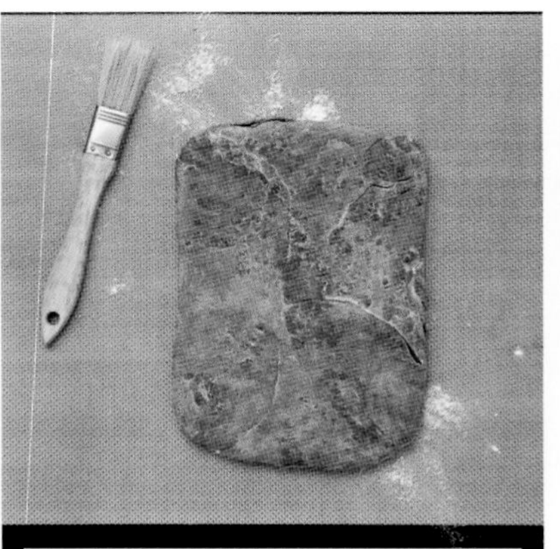
将面团压成厚1.5厘米的长方形面带。扫除面团上多余的面粉。

将面带分三段折叠，再将折叠的面块一角左转90度角，使面片折叠口正对操作者。

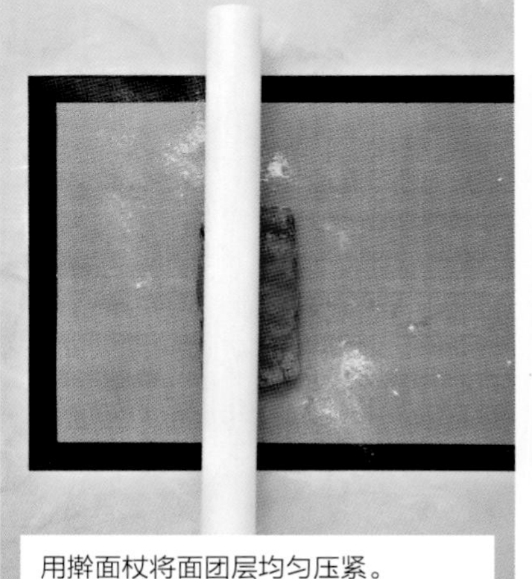
用擀面杖将面团层均匀压紧。

再次将面团压成面带，然后再分三段折叠起来。

在面团一角按两个手指印，于冷藏室静置20分钟。

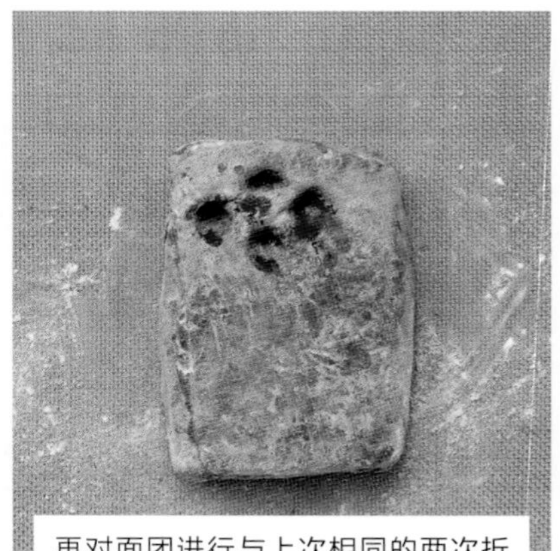
再对面团进行与上次相同的两次折叠操作，并在面团角按四个手指印，于冷藏室静置。

进行最后一轮两次折叠操作，并在面团角按六个手指印，于冷藏室静置20分钟。

将150克牛奶巧克力捣碎。

将650克牛奶和50克糖煮沸。

将50克糖和6个蛋黄剧烈搅打至发白。

加入100克冷牛奶稀释，再加80克奶油粉。

将混合物与煮烫的牛奶混合。

一起煮沸，然后搅动30秒钟使其变稠。

将锅从灶上移开，再边搅边打加入捣碎的牛奶巧克力。

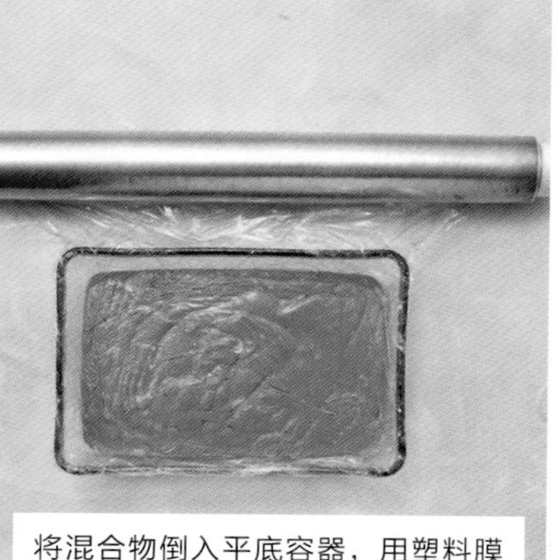

将混合物倒入平底容器，用塑料膜盖住，冷却。烤炉预热至180℃（第6挡）。

烤炉预热至180℃（第6挡）。

炉温记录，加热挡：______

4 千层酥面团压平及烘烤

5分钟

+ 烘烤 16分钟　+ 静置 10分钟

将千层酥面团压成4毫米厚的长方形面片，然后用叉子在面片上戳小孔。

将面片用两张烘烤纸夹住置于烤盘，烘烤6分钟。

面片预烤后，用另一烤盘压平，再送入烤炉继续烘烤10分钟。

烘烤结束，冷却后再使用。

5 叠千层酥

10分钟

用剪刀将烤好的酥面片剪成三条相同的长条。

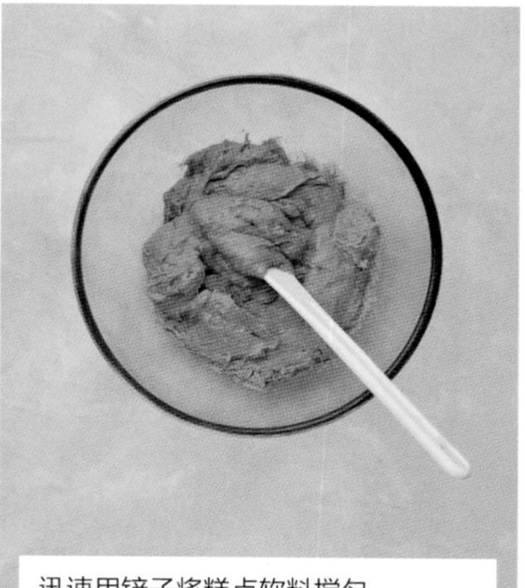

迅速用铲子将糕点软料搅匀。

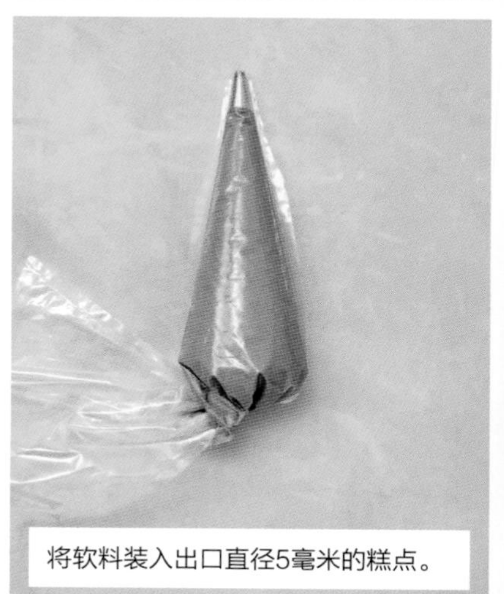

将软料装入出口直径5毫米的糕点。

将软料均匀地挤在两条千层酥面带上。然后将此两条千层酥层上下叠在一起。

将40克黑巧克力捣碎，并用水浴加热熔化。搅匀并维持流动状态。

用少量水使125克杏果酱微热，用刷子将其涂在最后一张千层酥皮上。

用低功率（不超过500瓦）微波使300克细砂糖微热。加入5克可可粉略微着色。

在发光的千层酥皮上涂一层细砂糖。

用烘烤纸制作一个尖角袋，装入熔化的巧克力，然后将袋尖剪掉。

在细砂糖层表面划线痕，再用刀尖快速将线痕划成沟槽。

将此千层酥糖片小心地盖于前面两重叠的千层酥片上，操作完毕。

萨赫巧克力蛋糕

● **搭配饮料** 特浓咖啡//塞尔东酒

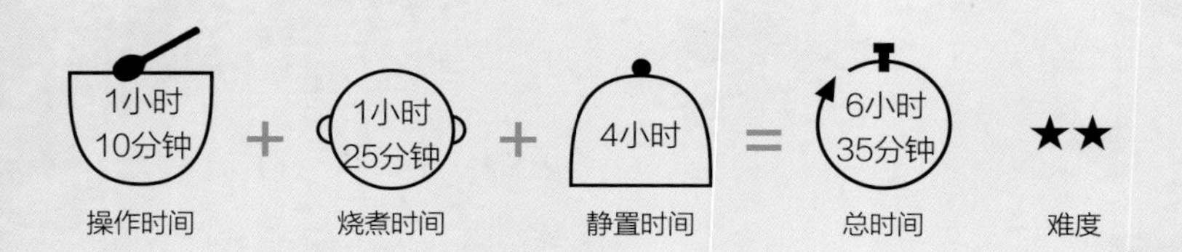

配方（6人量）

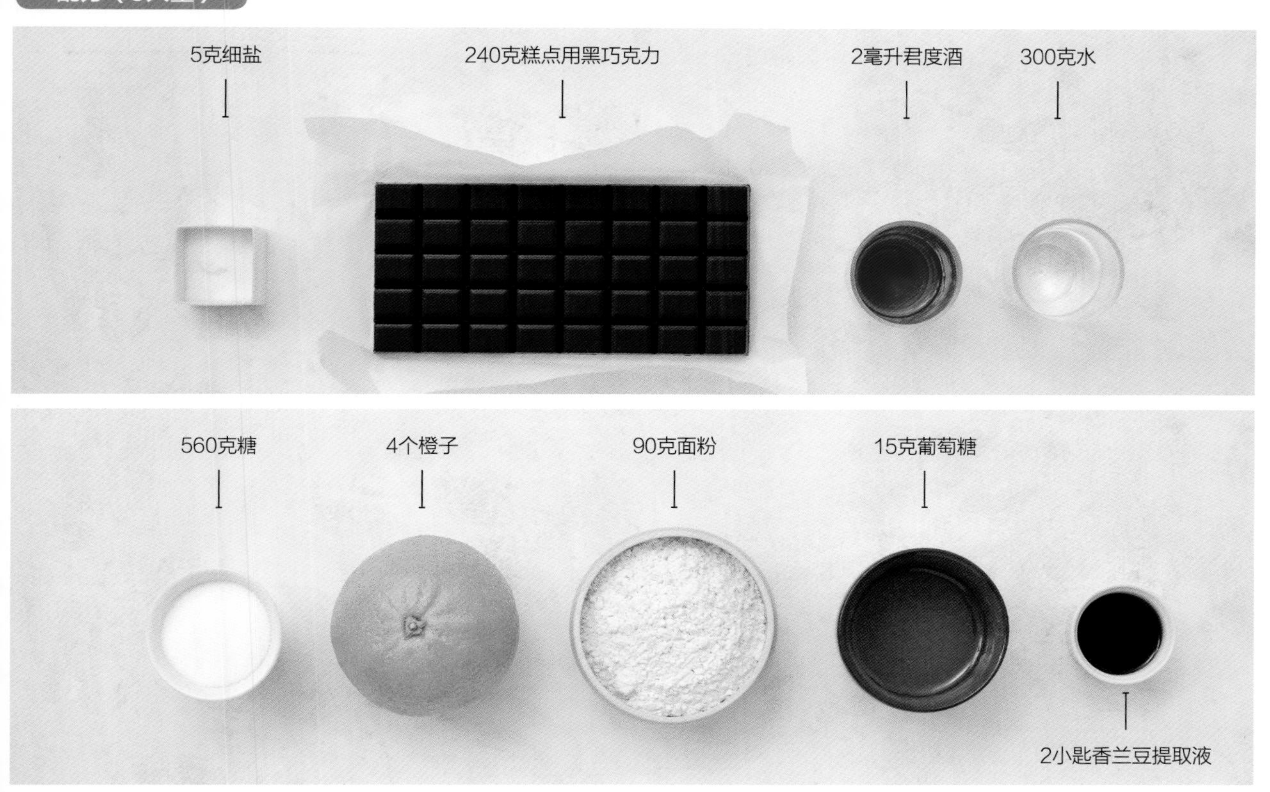

乳化物

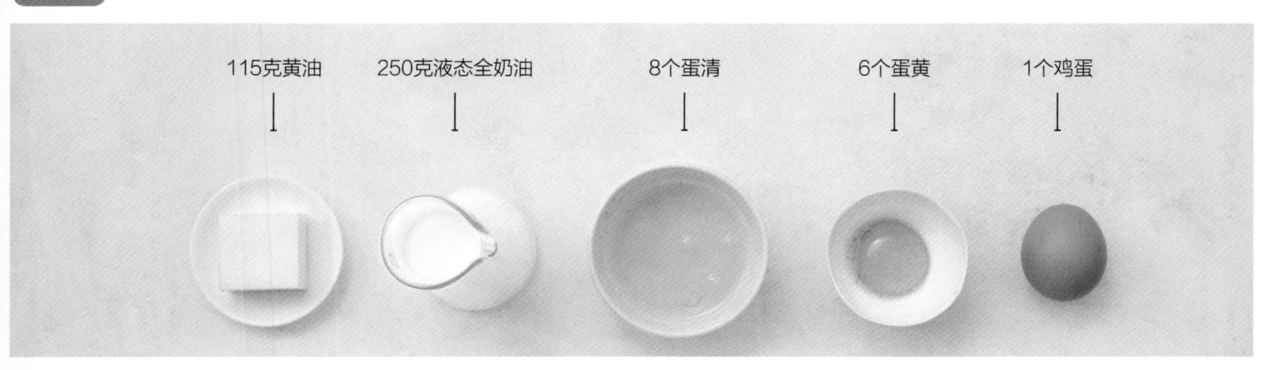

改变形状

用此配方将蛋糕做成沙丘形状，是既简单又令人惊讶的。

如无君度酒

可用橙利口酒替代；如没有，在面团中刮些橙皮。

配方变化

萨赫白巧克力蛋糕

► 尽管传统萨赫蛋糕用黑巧克力做，但也可用白巧克力做，且效果很好。

杏脯萨赫巧克力蛋糕

► 这是传统配方，用的是一层杏脯。

200克糖加300克水煮沸。4个橙子对切开，去籽，再切成2～3毫米厚的薄片。

加入热糖浆中，微沸烧煮，至糖浆变稠，橙子呈透明感。

一起打碎，加2毫升君度酒增香，冷却。

将6个蛋黄及一小匙香兰豆提取液轻轻搅打混合。

用水浴熔化150克巧克力和90克黄油。加入蛋黄混合液，剧烈搅打。

将8个蛋清加5克盐搅打成泡沫，然后逐渐加入120克糖。

提高搅打速度以收紧蛋白霜。蛋白霜应坚挺光亮。

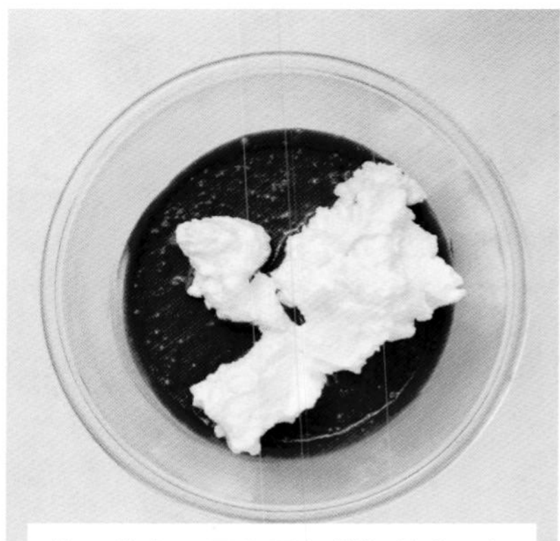

将三分之一蛋白霜在搅打状态下加入到巧克力混合物中，再将余出的蛋白霜用软铲搅和到其中。

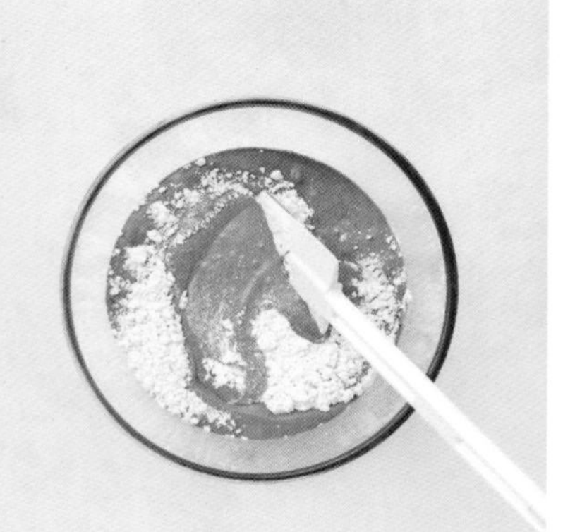

加入90克过筛面粉，稍加混合。烤炉预热至180℃（第6挡）。

将拟用模具内涂25克软化黄油。剪一张圆形烘烤纸，垫在模具底。

将面糊倒入模具，并送入烤炉烤45分钟左右（此时，从糕中抽出的刀面应呈干燥状）。

脱模，于格栅上冷却。用大锯刀将蛋糕水平切分成三片。

利用圈具，将甜点分布到饼上，再加果酱，再盖上第二块圆饼。

重复操作（利用圈具，将甜点分布到饼上，再加果酱），盖上第三块圆饼。于冷藏室静置。

将250克液态奶油、90克巧克力、240克糖和15克葡萄糖投入厚底长柄锅。

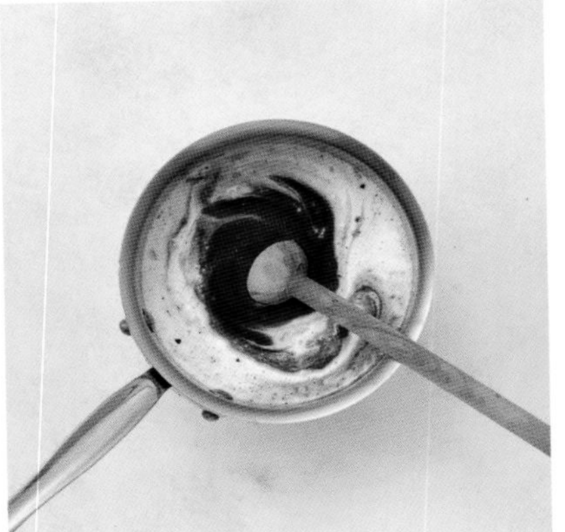
用文火加热并搅动直至巧克力和糖全溶化。

略加大火力，不搅动烧煮5～6分钟。

轻轻打入1个鸡蛋。加入3勺巧克力制备物，搅匀后倒入长柄锅。

边煮边搅动，直到成为酱状。关火，加入一小匙香兰豆提取液。

将蛋糕置于一格栅，也将后者置于一大盆上面，然后提起圈模。

将面料缓缓地浇在蛋糕上面，使其均匀地覆盖整个蛋糕，包括边缘。留下一些面料作装饰。

在阴凉处静置至少3小时。同时准备一糕点角筒。

留下的面料温热调温，装入角筒，对蛋糕进行装饰。

巧克力橙松糕

- **搭配饮料** 橙色柠檬水//橙子甜酒

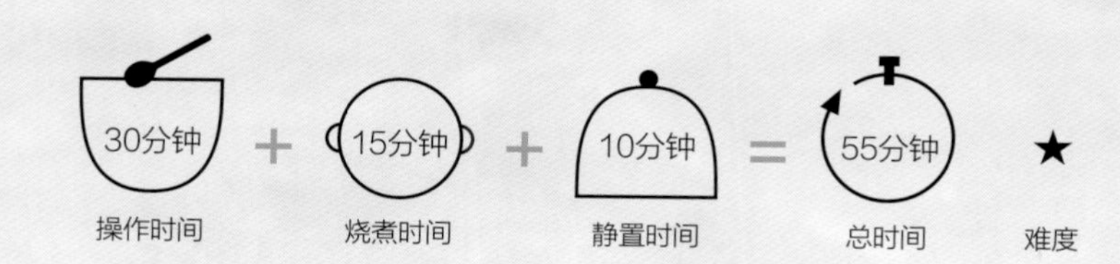

配方（6人量）

乳化物

改变巧克力

利用不同种类巧克力和柑橘做成新的软糕。

如无发酵剂

用碳酸氢钠替代。

多余的软糕

做成可口的巧克力布丁。

配方变化

巧克力箭叶橙松糕

▶ 在面团中刮入些箭叶橙皮。

无麸质巧克力橙松糕

▶ 用玉米淀粉替代面粉。

1 熔化巧克力和黄油

10分钟

+ 烧煮 5分钟

将200克黑巧克力剁碎，然后装入嘛嘴盅。

用低功率（不超过500瓦）微波或水浴加热熔化巧克力。

厨艺大师秘诀

用水浴熔化巧克力，有三点要注意：嘛嘴盅不能放在长柄锅水浴中；需要经常搅拌均匀；要避免水进入巧克力。

厨艺大师秘诀

用微波炉熔化巧克力，要将微波功率调到500瓦，时间设为30秒，其间要拌匀两次。

加入100克切成丁的黄油。

混合均匀。烤炉预热到180℃（第6挡）。

2 制作面团

10分钟

将2个鸡蛋打入大碗。

加入100克砂糖，迅速搅打混合。

剧烈搅打使蛋液变白。

将100克面粉与5克化学发酵剂混合。

将面粉发酵剂混合物加入白色蛋液中。

倒入熔化的巧克力。

用铲子将混合物拌至均匀柔滑。

洗净并擦干1只橙子。

用刨子将橙子外皮刨在装面糊的碗里。

将橙子切成两半，挤出一半橙汁加入面糊中。

搅拌使橙汁和橙皮在面糊中混匀。

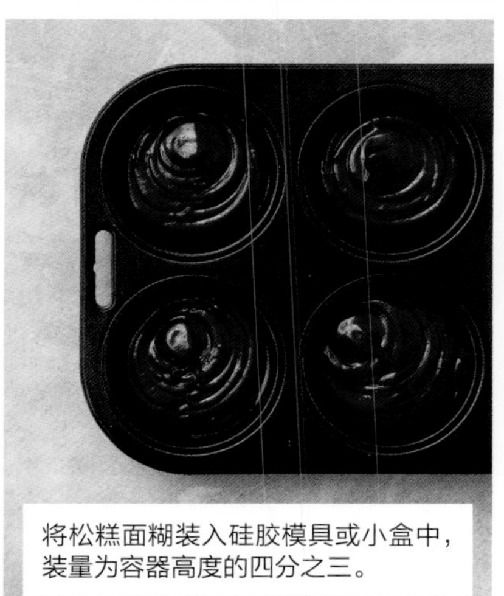

将松糕面糊装入硅胶模具或小盒中，装量为容器高度的四分之三。

将模具送入烤炉烘烤8～10分钟。

如松糕用硅胶模烤，脱模前稍加热。

50克橙子果酱装入小长柄锅，文火加热熔化。

将果酱刷在松糕表面。

果仁巧克力软糖

● **搭配饮料** 卢瓦尔起泡酒//伯爵茶

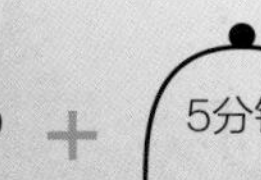

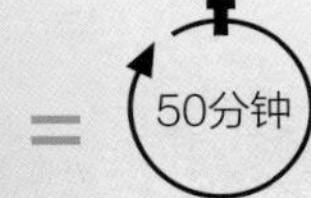

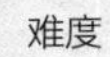

30分钟	+	15分钟	+	5分钟	=	50分钟	★
操作时间		烧煮时间		静置时间		总时间	难度

配方（8人量）

乳化物

改变形状

用咖啡杯装软糖，与咖啡碟和小勺一起，当咖啡食用。

如无杏仁糖巧克力

用果仁糖、杏仁和核桃替代，并加些牛奶巧克力。

多余的面糊

将多余的面糊倒入小硅胶模具，冷冻。根据具体情形调整烹饪时间。

配方变化

果仁巧克力软焦糖

▶ 用软焦糖替代杏仁糖巧克力。

覆盆子巧克力软糖

▶ 在软糖中央放一个覆盆子及一些覆盆子果冻。

将50克黄油置于微波炉加热数秒钟，然后混合成光滑浆体。

厨艺大师秘诀

黄油浆是一种状态很柔软的黄油，光滑，无任何团块感！搅打可得到很好的黄油。

模具用刷子涂上黄油。

置于冷藏室，使黄油凝固。

在涂有黄油的模具上撒些面粉。

将模具翻转到案板上，拍打出多余的面粉。

将200克牛奶巧克力用刀剁碎，或用粗刨丝器弄碎。

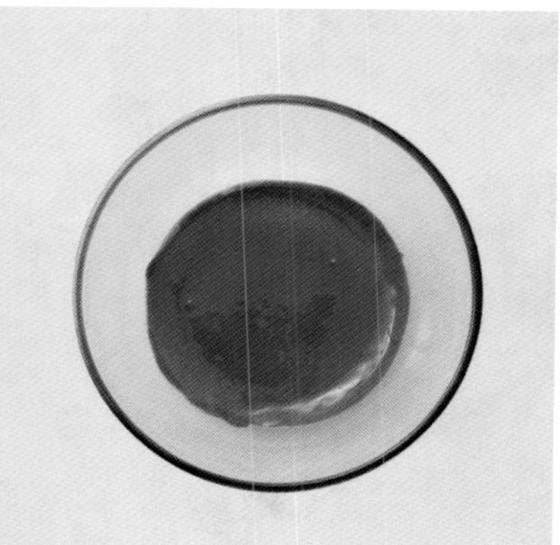
将巧克力倒入碗中，用中挡功率微波加热熔化。

厨艺大师秘诀

用微波炉熔化巧克力，要将微波功率调到500瓦，时间设为30秒，其间要拌匀两次。

厨艺大师秘诀

用水浴熔化巧克力，有三点要注意：嘛嘴盅不能放在长柄锅水浴中；需要经常搅拌均匀；要避免水进入巧克力。

加热80克切成丁的黄油。

混合均匀。烤炉预热至200℃（第6~7挡）。

将4个鸡蛋打入搅打盆。加65克糖，用铲子快速搅匀。

鸡蛋、糖混合液快速搅打至出现白色泡沫。

过筛加入60克面粉，然后小心混合。

厨艺大师秘诀

过筛撒下的面粉，要及时混合，尤其是落在盆底中央的面粉要尽快搅匀。

最后，加入巧克力和熔化的黄油，并小心混合。

将巧克力制备物装入糕点袋。

8个模具逐个填入巧克力制备物，注意填充高度不要超过模具高度的三分之二。

在每个软糖中央嵌入一块杏仁糖巧克力。

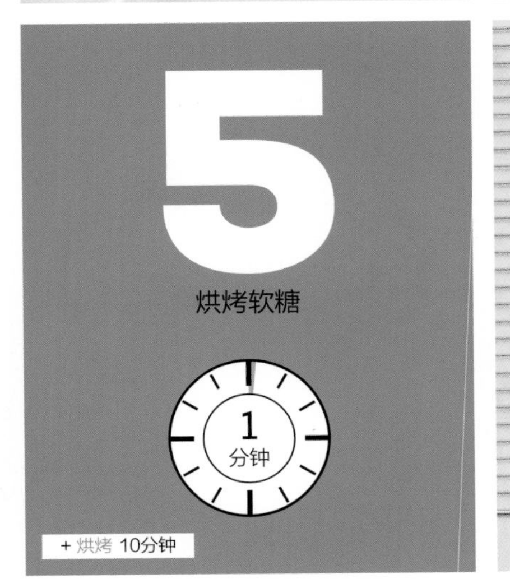

将装于模具的软糖送入烤炉烘烤约10分钟（具体烘烤时间视模具而定）。

从炉中取的软糖静置片刻便可脱模。

黑巧克力慕斯

● **搭配饮料** 意式浓缩咖啡//莫里咖啡

配方（4~6人量）

乳化物

3小时前

制备慕斯，以便冷却凝结。

如无海盐

海盐并非必需，但可给慕斯提味。

改变工艺

利用虹吸，可制成极轻的慕斯。

余下的慕斯

用于装饰甜盘面包。

配方变化

巧克力焦糖慕斯

▶ 使用前将砂糖煮成焦糖。

巧克力香兰慕斯

▶ 面糊用一荚香兰豆增香。

将4个鸡蛋的蛋清与蛋黄分开。将蛋黄用小碗装，蛋清倒入搅打盆。

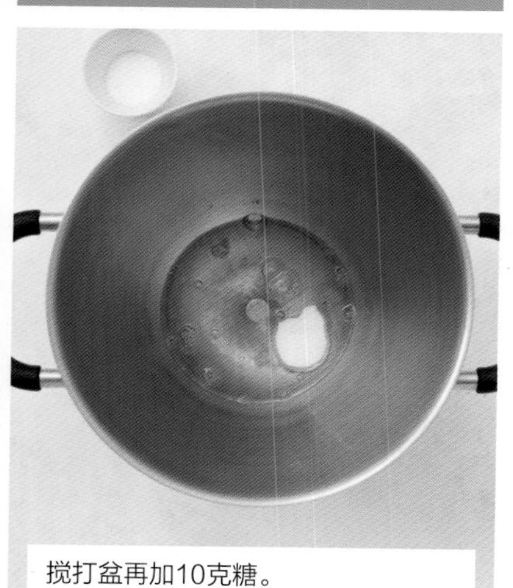

搅打盆再加10克糖。

开始缓缓搅打蛋清。

加10克糖，提高搅打速度，直至搅打器出现明显泡沫痕迹。

以最大速度搅打几秒钟，使泡沫足够坚挺起尖。

将150克黑巧克力捣碎，装入大色拉盆。

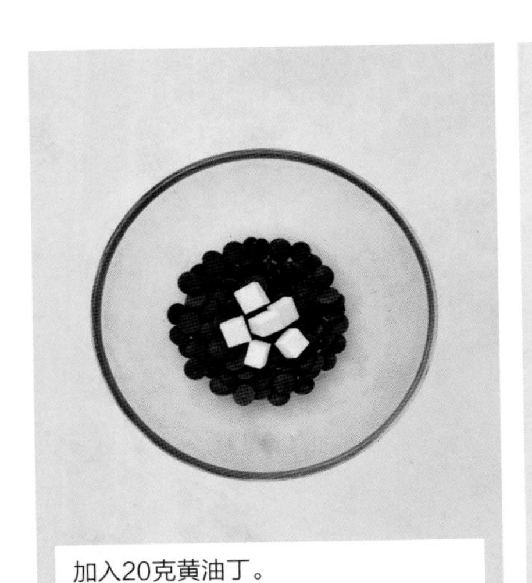
加入20克黄油丁。

用低功率微波加热熔化巧克力和黄油。

厨艺大师秘诀

用微波炉熔化巧克力，要将微波功率调到500瓦，时间设为30秒，其间要拌匀两次。

厨艺大师秘诀

用水浴熔化巧克力，有三点要注意：嘛嘴盅不能放在长柄锅水浴中；需要经常搅拌均匀；要避免水进入巧克力。

4 乳化甘纳许

3分钟

待巧克力和黄油完全熔化，将其混合光滑。

加入蛋黄一起搅打，使之稍微乳化。

5 巧克力慕斯

2分钟

将约三分之一的蛋清泡沫投入色拉盆的甘纳许中。

迅速搅打混合蛋清泡沫。

厨艺大师秘诀

此操作可使不同质地平衡：有利于避免随后加入的蛋清泡沫缩小。

小心加入其余的蛋清泡沫，使各处质地均匀。

厨艺大师秘诀

将蛋清泡沫加入制备物，最好用软铲子。

混合结束，加入一撮海盐。

厨艺大师秘诀

海盐起风味增强剂的作用，而非赋予制备物咸味。在口中它使巧克力风味增强。

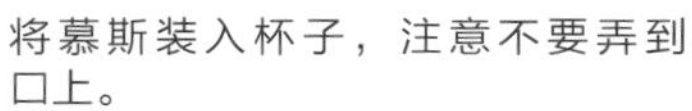

将慕斯装入杯子，注意不要弄到口上。

于冷藏室静置至少3小时，可能的话静置24小时。

巧克力梨汁尚蒂利

- **搭配饮料** 梨汁//梨子酒或苹果酒

25分钟 操作时间 + 5分钟 烧煮时间 = 30分钟 总时间

★ 难度

配方（4人量）

2小时前

提前装罐，以便尚蒂利有更实的口感。

如无梨汁

可用其他任何果汁替代，也可用甜酒。

改变口味

可用各种果酒，至少它们与黑巧克力搭配得很好，可根据需要调整糖的用量。

多余的慕斯

重新熔化，作为奶糊或甘纳许的基料。

配方变化

巧克力橙汁尚蒂利

▶ 用橙汁替代梨汁，加些糖。

重做

▶ 成品只要经过熔化和冷却，就可重做。

1

准备水浴

5 分钟

+ 烧煮 1分钟

用长柄锅将少量水煮沸，作为水浴使用。

用弄皱的铝箔纸做成直径10厘米的圆圈。

将纸圈放入长柄锅底；上面摆装巧克力的碗，以免碗直接与锅底接触。

加入足量托碗的水，但不要太多，以免溢入碗中。

2

熔化黑巧克力

5 分钟

+ 烧煮 3分钟

将200克巧克力剁碎。

装入大碗中。

将大碗放入水浴，注意避免水进入巧克力中。

在水浴中巧克力缓缓熔化。

同时搅打，确保使所有巧克力小块熔化。

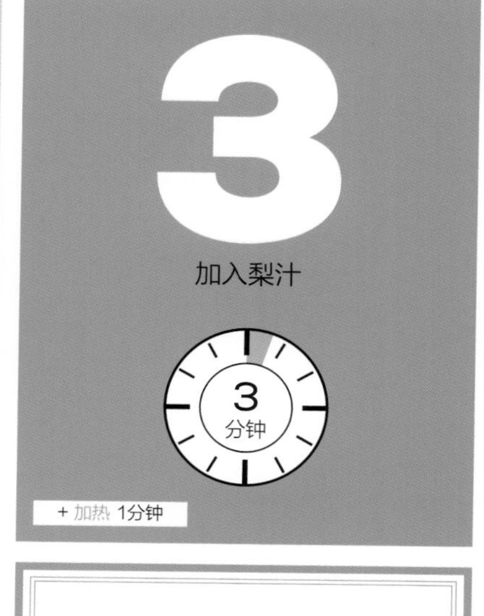

3

加入梨汁

3 分钟

+ 加热 1分钟

将10毫升梨汁倒入小长柄锅。

小火加热。

厨艺大师秘诀

保持液体温热，可使巧克力与液体接触后不会固化。但只有在搅打前混合物搅拌地相当均匀时，这种技巧才有用。

将温热的梨汁缓缓加入仍在水浴中的熔化巧克力。

4

乳化慕斯

7 分钟

将混合物调匀，然后从水浴锅中取出。

将冰块打碎成冰屑。

倒掉水浴锅中的水，冷却，然后装冰屑。

将装有巧克力梨汁混合物的碗置于冰床上面。

用力将巧克力梨汁搅打成为光滑多泡的慕斯。

当搅打球丝出现明显网络结构，即慕斯具有尚蒂利坚挺质地时，马上停止搅打。

准备一个大出口的裱花袋。

将巧克力梨汁慕斯装入袋中。

将慕斯注灌入每个玻璃罐中，冷藏，食用。

巧克力尚蒂利

- **搭配饮料** 朱朗松酒//香兰奶昔

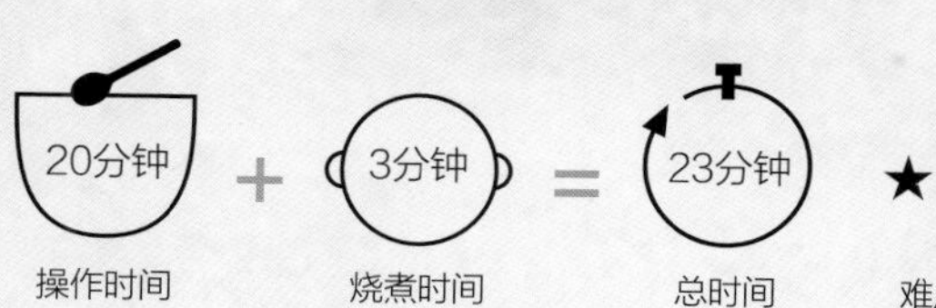

配方（6~8人量）

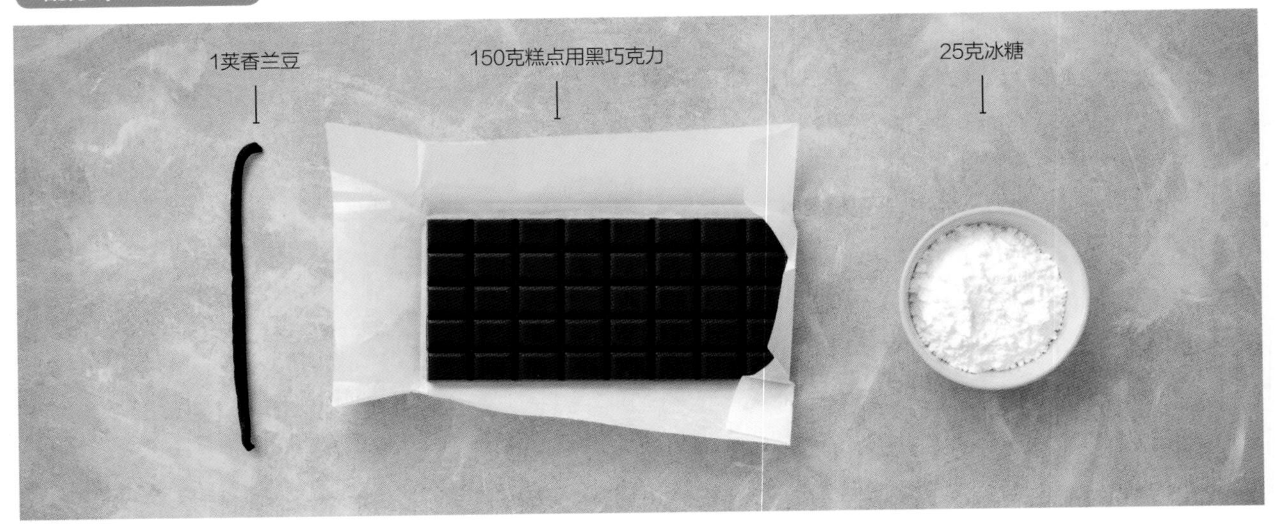

乳化物

20分钟前

将要用于搅打乳化物的碗放入冰箱。

如无香兰豆

用天然香兰豆提取液替代香兰豆荚。

多余的乳化物

制作焦糖布丁。

改变质地

通过调整巧克力的量可决定慕斯的结实程度。

配方变化

牛奶巧克力尚蒂利

▶ 按同样方法制备，但不放糖。

巧克力甘草尚蒂利

▶ 在乳化物中加入甘草提取物。

将150克黑巧克力剁碎，然后装入碗中。

厨艺大师秘诀

熔化前将巧克力剁碎，可加快熔化速度，也增加均匀性。

用低功率微波或水浴加热熔化巧克力。

厨艺大师秘诀

用微波炉熔化巧克力，要将微波功率调到500瓦，时间设为30秒，其间要拌匀两次。

厨艺大师秘诀

用水浴熔化巧克力，有三点要注意：嘛嘴盅不能放在长柄锅水浴中；需要经常搅拌均匀；要避免水进入巧克力。

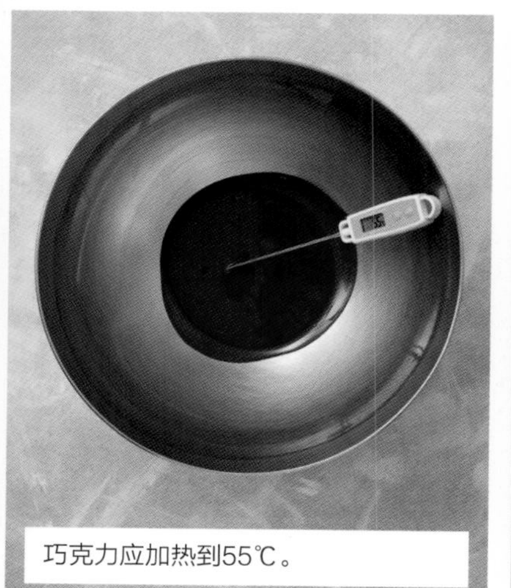

巧克力应加热到55℃。

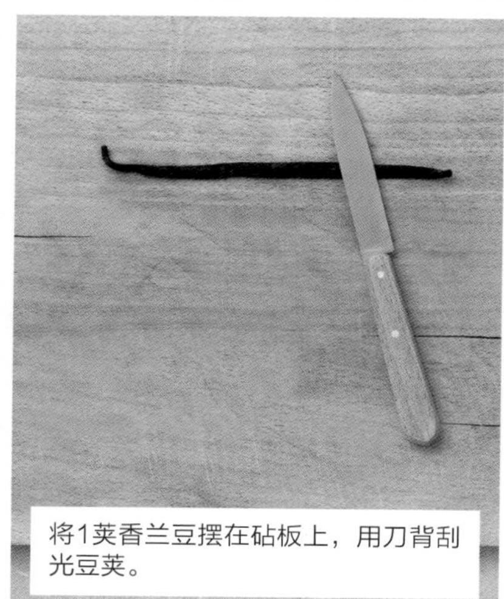

将1荚香兰豆摆在砧板上，用刀背刮光豆荚。

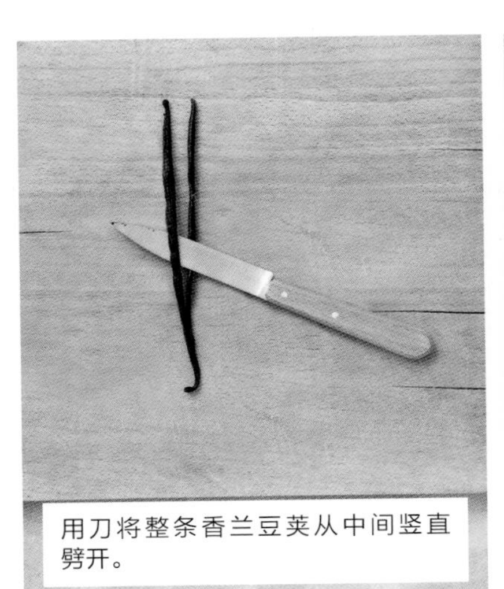

用刀将整条香兰豆荚从中间竖直劈开。

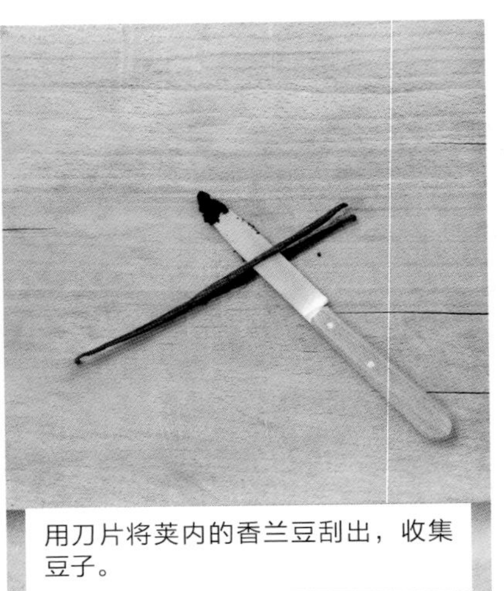

用刀片将荚内的香兰豆刮出，收集豆子。

将香兰豆投入450克冷透的奶油中。

厨艺大师秘诀

留下空香兰豆荚，用于乳化物或糖粉增香。

3 搅打奶油

5分钟

在预冷的大碗或搅打盆中剧烈搅打奶油。

厨艺大师秘诀

冷透的容器有利于奶油搅打起泡，原理为油分子将空气包住，低温有利于使分子凝固，不熔化，从而产生较好的凝固效果。

奶油应起泡，但泡沫不要太坚挺。

厨艺大师秘诀

太坚挺，奶油会变成黄油。因此需要注意，在适当的时候停止搅打。

缓缓加入15克冰糖。

将约四分之一（最多三分之一）的奶油加入尚热的巧克力中。

快速搅打乳化成甘纳许状。

质构应当细腻柔滑。

厨艺大师秘诀

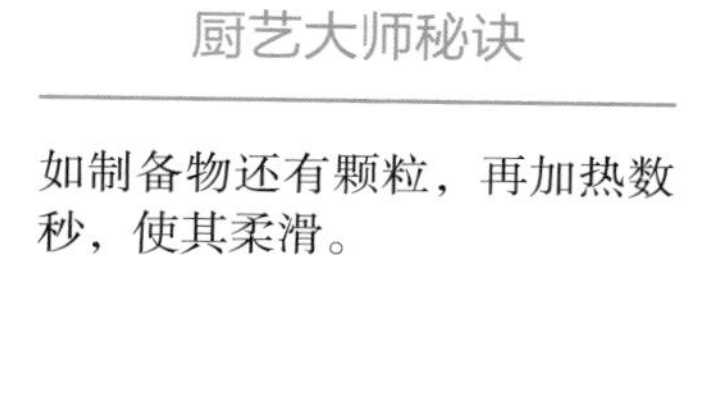

如制备物还有颗粒，再加热数秒，使其柔滑。

用软铲小心地加入余下的搅打奶油。

最后，将混合物缓缓搅打数秒，使其成为均匀的泡沫体。

巧克力手指饼

● **搭配饮料** 蛋酒//黑酒

1小时10分钟 操作时间 + 40分钟 烧煮时间 + 1小时 静置时间 = 2小时50分钟 总时间

★★ 难度

配方（8人量）

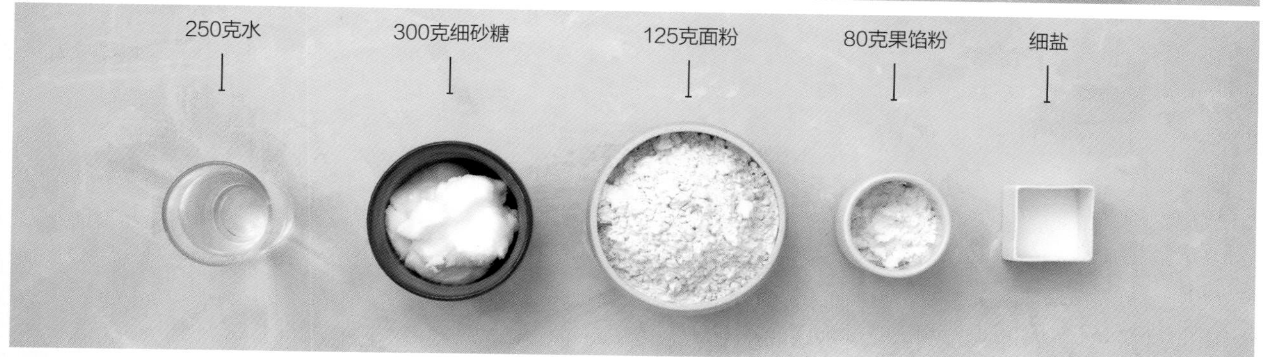

乳化物

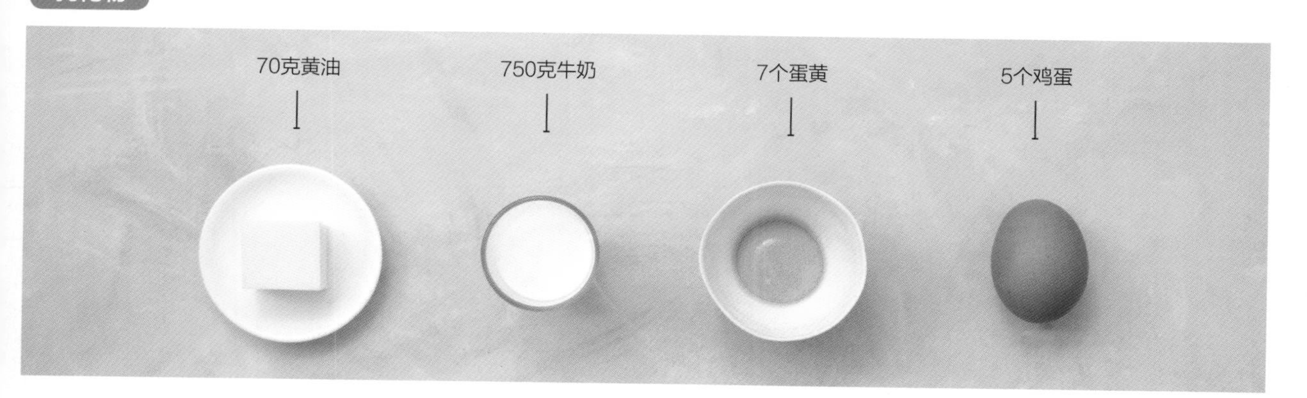

改变形状

做成由5个2厘米粗泡芙排在一起的掌上发夹形泡芙。

如无果馅粉

用玉米粉或面粉替代。

配方变化

巧克力咖啡手指饼

▶ 用速溶咖啡粉替代可可粉，巧克力由咖啡提取液溶化。

巧克力手指饼尚蒂利

▶ 切掉饼盖，用糕点袋挤注尚蒂利，再在上面加黑巧克力碎片。

烤炉预热至200℃（第6～7挡）。准备125克面粉、25克可可粉、250克水、5克盐、70克黄油和5个鸡蛋。

所有粉料与可可粉一起过筛。

将黄油丁与盐加在水里煮沸。

关火，将过筛的粉料加入煮沸的液体中。

用木铲将此混合物搅成均匀的球状面坯。

将面坯置于文火片刻，使其脱水干燥，得到光滑的面糊。然后转入冷混合容器。

逐个打入4个鸡蛋。

最后一个鸡蛋另外打出搅匀，根据需要添加到面糊中，最后得到光滑可起尖嘴的面糊。

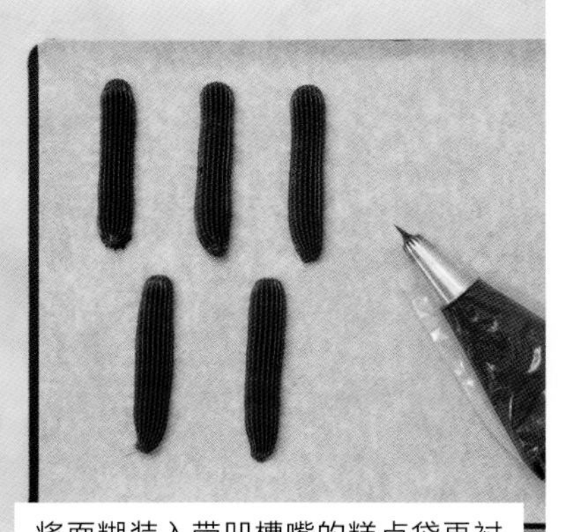

将面糊装入带凹槽嘴的糕点袋再衬于烤盘的烘焙纸上挤约10厘米长的巧克力条。

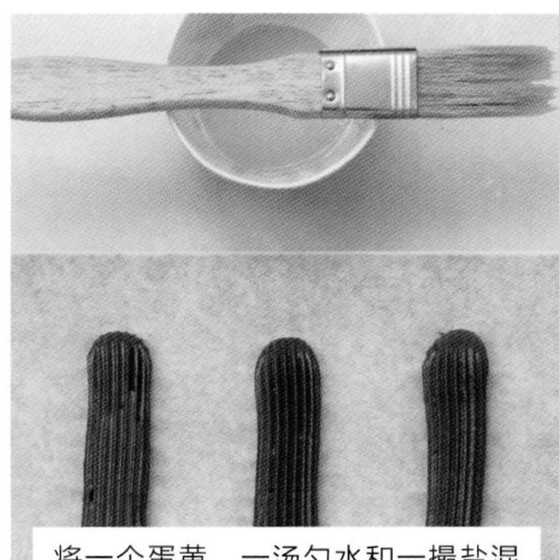

将一个蛋黄、一汤勺水和一撮盐混合均匀成金黄色上光液，用刷子将此上光液涂在巧克力指条上面。

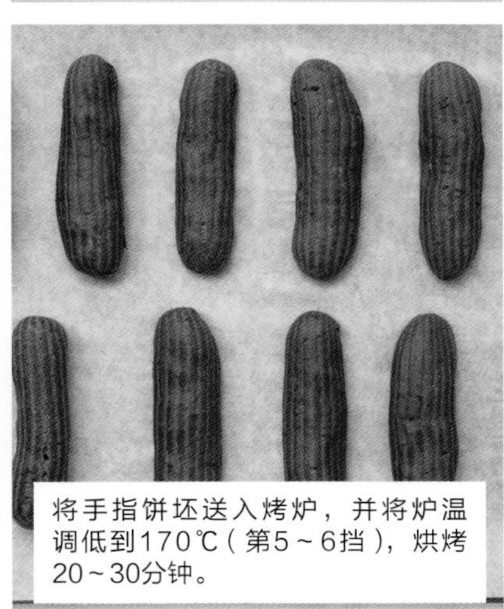

将手指饼坯送入烤炉，并将炉温调低到170℃（第5～6挡），烘烤20～30分钟。

确认手指饼烘烤完毕，然后转移至格栅冷却。

厨艺大师秘诀

注意颜色：手指饼表面的沟与梁有相同颜色才算烘烤完成。

将120克黑巧克力用低功率（500瓦）微波或水浴加热熔化，其间不时搅拌。

将650克牛奶及50克糖煮沸。

6个鸡蛋黄与160克糖一起搅打至发白，然后加入100克冷牛奶和80克果馅粉。

将以上混合液加入热牛奶。边煮沸边不断搅拌，然后继续煮沸30秒。

关火，加入熔化的巧克力。将混合物转移至平底容器，盖上塑料膜，冷却。

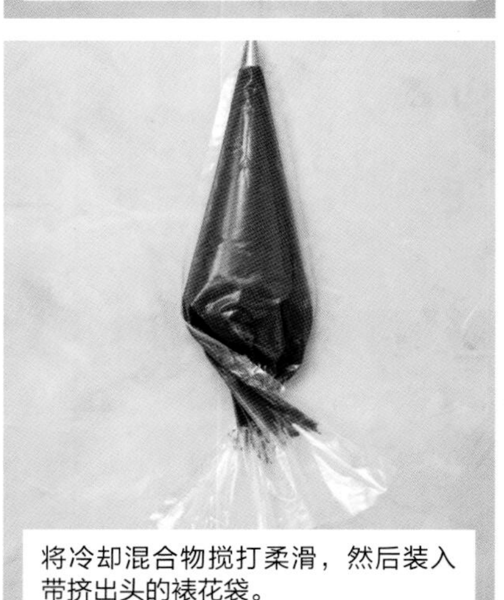

将冷却混合物搅打柔滑，然后装入带挤出头的裱花袋。

在每个手指饼坯上戳两个孔，然后用糕点糊装饰。

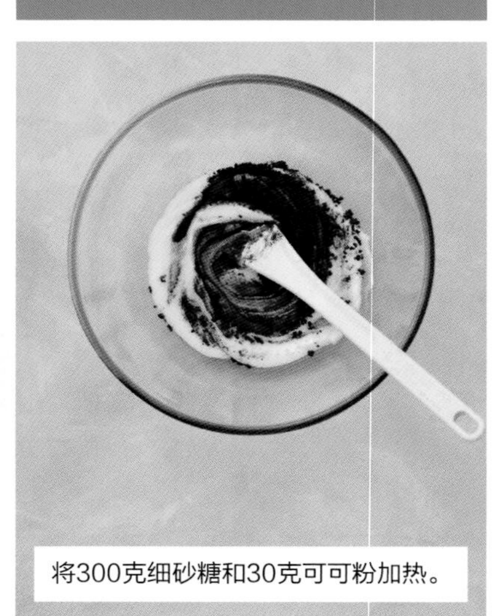

将300克细砂糖和30克可可粉加热。

将糖霜转移至碗中，使手指饼正面蘸糖霜，然后用手指划干净。

欧培拉

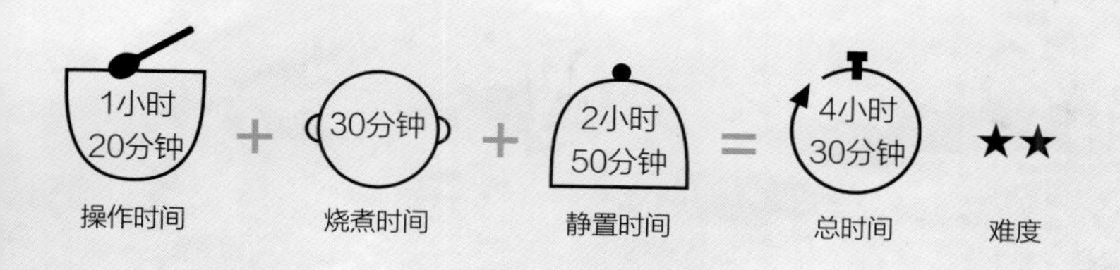

配方（8人量）

乳化物

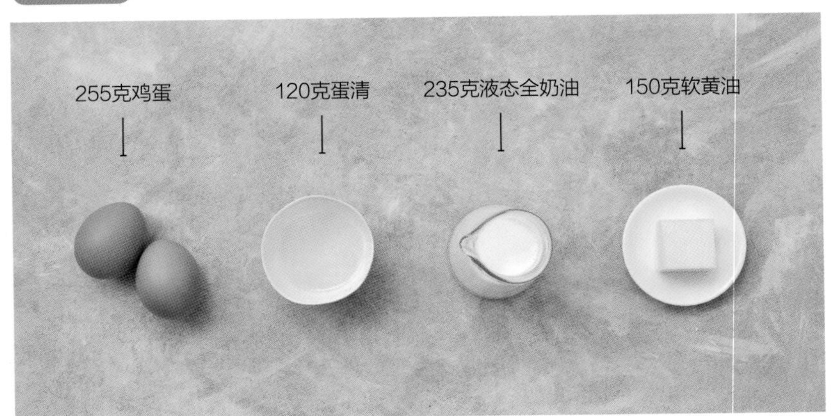

配方变化

纯巧克力欧培拉

▶ 用甘纳许或牛奶巧克力替代奶油糖霜。

核桃欧培拉

▶ 在黄油糖霜中用核桃替代咖啡增香。

准备200毫升特浓热咖啡，加入125克糖，然后冷却。

加入5毫升甜酒，加盖，备用。

烤炉预热至230℃（第8挡）。熔化25克黄油，并使其温热。

180克鸡蛋加125克糖和125克杏仁粉，快速搅打。过筛加入35克面粉。

将120克蛋清搅打成泡沫，再加20克糖搅打成糖霜。

小心地将蛋白糖霜加入前面的蛋黄面粉糊中。再加入熔化的黄油。

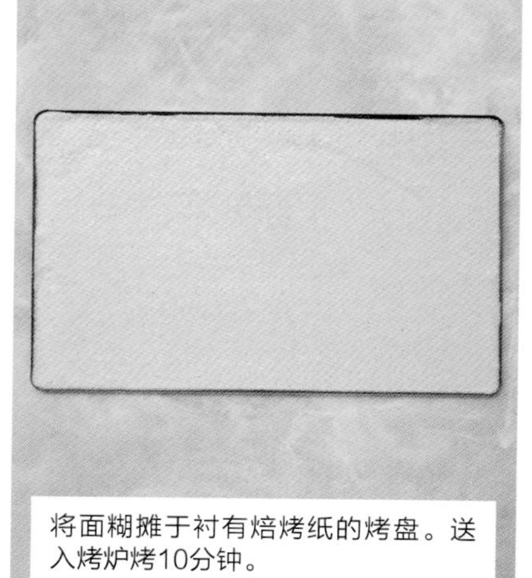
将面糊摊于衬有焙烤纸的烤盘。送入烤炉烤10分钟。

将125克糖煮沸（116℃），然后倒入75克鸡蛋中，快速搅打至完全冷却。

逐渐用手加入125克黄油。加入咖啡提取物增香，然后在常温场所静置。

剁碎250克巧克力。在170克奶油中加15克煮沸的葡萄糖浆。将仍然很烫（80℃）的混合物倒入巧克力中。

静置片刻，然后搅打此甘纳许，室温下静置。

在适当深的长柄烧锅中加入72.5克水、62.5克奶油和90克糖，煮沸。

加入30克可可粉，边搅打边煮沸5分钟，以消除其中的团块。

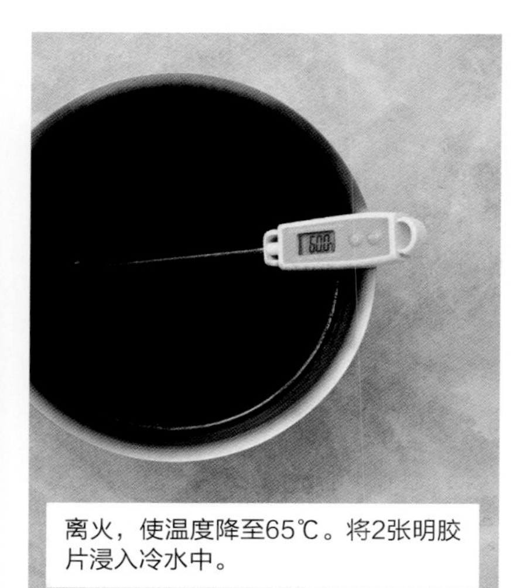

离火，使温度降至65℃。将2张明胶片浸入冷水中。

拧干明胶片，投入60℃的面料中，静置冷却透。

将乔孔饼裁成三张大小相同的长方条。

用水浴熔化25克巧克力和25克可可脂。用刷子在饼面上涂巧克力面料。

将涂过巧克力的饼，巧克力面朝下放入框内，然后将乔孔饼浸入咖啡糖浆。

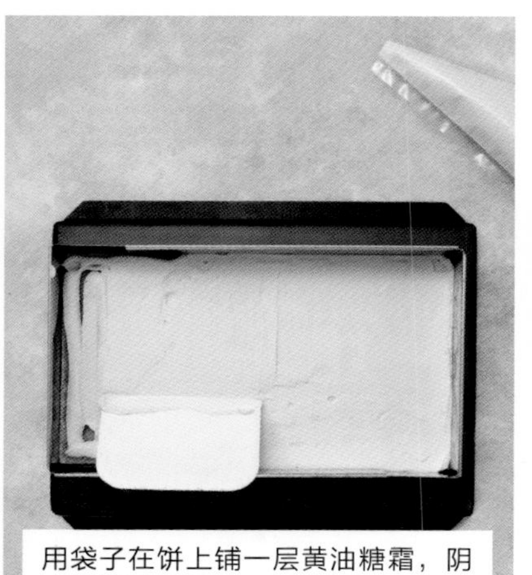

用袋子在饼上铺一层黄油糖霜，阴凉处静置硬化。

罩一层甘纳许。加一张饼，如前面一样，也在糖浆中浸一下。

罩第三张湿过糖浆的饼，然后浇上仍有流动性的冷光亮面料。于阴凉处静置。

白巧克力果汁冰淇淋

• **搭配饮料** 百利甜酒//乌龙茶

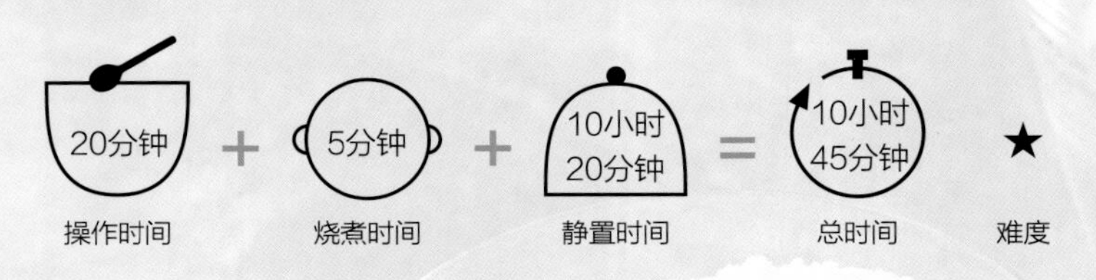

配方（约1升）

10小时前

制作冰淇淋混合物

改变颜色

白巧克力容易配色，因此，可在预冷前将冰淇淋配成大理石纹路。

如无合金欢蜂蜜

用其他蜂蜜替代，或用葡萄糖浆替代。

多余的冰淇淋

做成巧克力泡芙。

配方变化

白巧克力奶酪果汁冰淇淋

▶ 用加糖白奶酪替代300克水。

巧克力奶薰衣草果汁冰淇淋

▶ 在水中加几滴薰衣草精油。

1 剁碎巧克力

5 分钟

将300克白巧克力置于干砧板上用刀剁碎。

厨艺大师秘诀

巧克力应剁得足够细。剁出的碎片表面如何不重要，关键要剁得细。

2 熔化巧克力

5 分钟

+ 烧煮 3分钟

将巧克力装在碗中，用低功率微波或水浴加热熔化。

厨艺大师秘诀

用微波炉熔化巧克力，要将微波功率调到500瓦，时间设为30秒，其间要拌匀两次。

厨艺大师秘诀

用水浴熔化巧克力，有三点要注意：嘁嘴盅不能放在长柄锅水浴中；需要经常搅拌均匀；要避免水进入巧克力。

3 牛奶煮沸

2 分钟

+ 烧煮 2分钟

在长柄烧锅中倒入500克水。

加入75克奶粉和50克合金欢蜂蜜。

用软铲搅拌煮沸。

乳化巧克力

将三分之一蜂蜜牛奶倒入巧克力中。

用铲子从中间开始，再扩展到边上，完全混合。

倒入余下牛奶分两次加入，继续如上所述，软铲由内到外搅拌乳化。

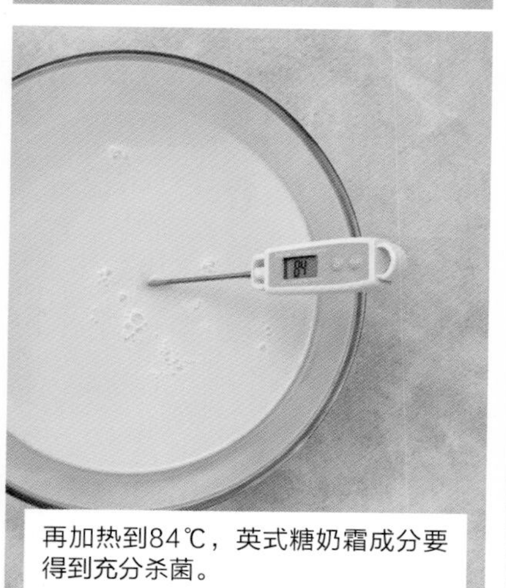
再加热到84℃，英式糖奶霜成分要得到充分杀菌。

混合制备物

用搅拌机将混合物搅为呈油光乳化物。

将乳化物于冷藏室静置约10小时，进行质构优化。

厨艺大师秘诀

在冷藏室中成熟，也有利于香气形成。

将一贮存容器放入冷冻室。

厨艺大师秘诀

容器与冰淇淋要有相同温度。这可避免冰淇淋在装入容器时融化。

将乳化物倒入冰淇淋机碗中，启动制备，直到获得最佳质地。

将冰淇淋从冰淇淋机碗中掏出，装入预冷的贮存盒。

厨艺大师秘诀

如冰淇淋不马上食用，则将其贮存于−18℃的冷冻室。

巧克力冰淇淋

- **搭配饮料** 爱玛乐（接近焦糖味的甜酒）//蛋酒

操作时间		烧煮时间		静置时间		总时间	难度
20分钟	+	10分钟	+	10小时20分钟	=	10小时50分钟	★

配方（约1升）

乳化物

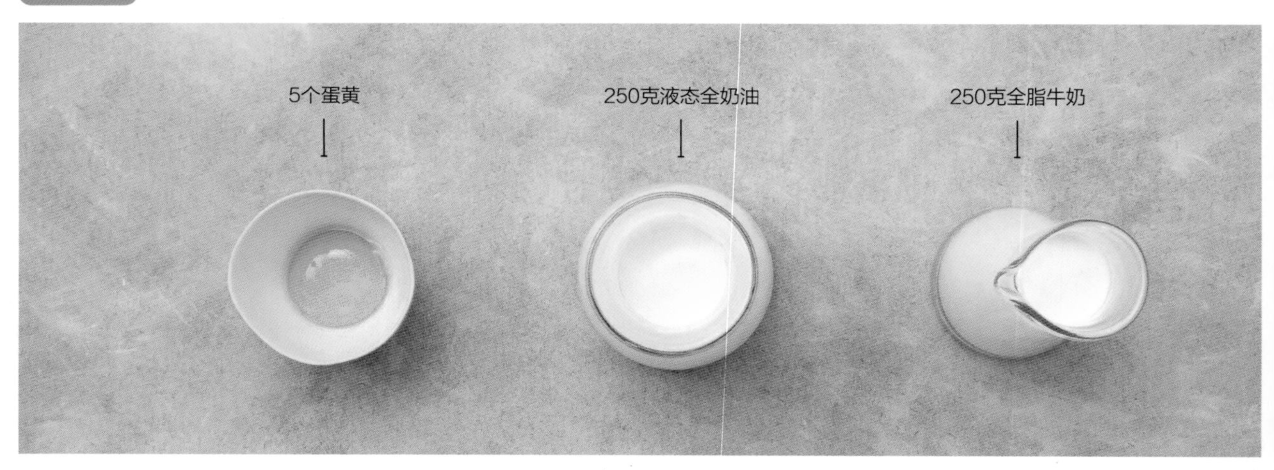

10小时前

制备混合物使其成熟。

如无牛奶

用125克奶油和125克水替代

改变用途

用此冰淇淋装饰蜗牛泡芙，做成加香兰素的甜酱用于夹心泡芙。

多余的冰淇淋

与奶油混合液化，倒入虹吸瓶制作成诱人的巧克力慕斯。

配方变化

牛奶巧克力奶酪冰淇淋

▶ 用白奶酪替代125克奶油，最后在搅拌前加入。

牛奶巧克力燕麦奶冰淇淋

▶ 用燕麦奶替代牛奶和奶油，不油腻。

1 捣碎巧克力

将180克牛奶巧克力置于干净砧板用刀剁碎。

2 煮沸液体

长柄烧锅中加水，倒掉多余的水，只剩一层防止牛奶煮煳的水层。

长柄烧锅加入250克牛奶和250克液态奶油。

文火加热至沸，不用搅动。

3 搅打蛋黄

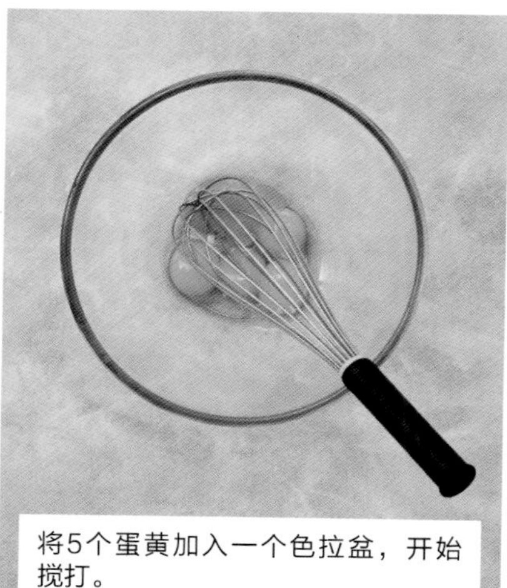

将5个蛋黄加入一个色拉盆，开始搅打。

边搅打边分批加入50克砂糖。

将蛋黄和糖搅打成泛白的混合物。

继续搅打使糖完全溶化。

4 加热乳化液

5分钟

+ 烧煮 7分钟

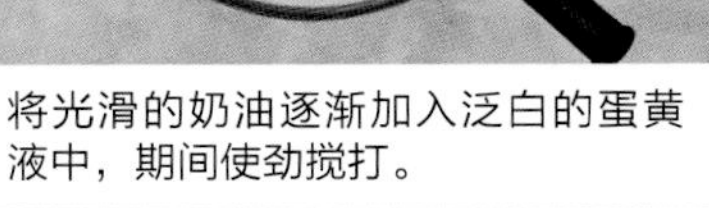

将光滑的奶油逐渐加入泛白的蛋黄液中，期间使劲搅打。

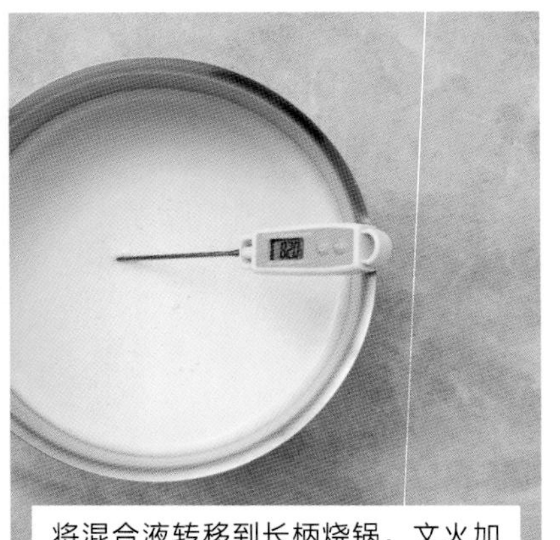

将混合液转移到长柄烧锅，文火加热，同时用铲子不停搅动，使乳化液温度达到82~83℃。

关火，将乳化物通过筛网倒入一只冷碗。

5 加入巧克力，成熟

3分钟

+ 静置 10小时

将捣碎的牛奶巧克力加入乳化物，用铲子搅拌混合均匀。

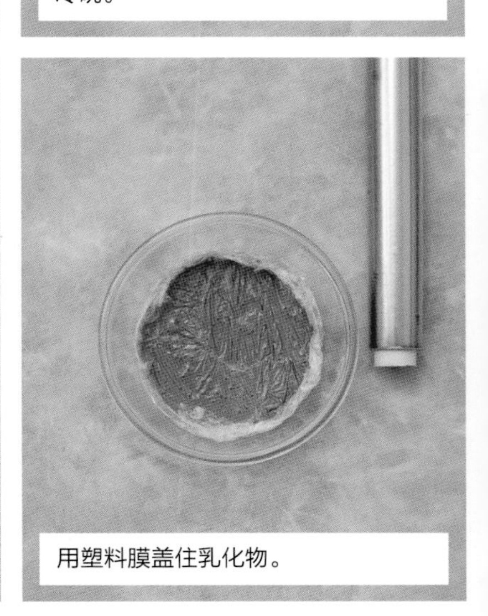

用塑料膜盖住乳化物。

厨艺大师秘诀

盖塑料膜防止乳化物表面起皮。乳化物只有在冷却时才会起皮。

将乳化物于冷藏室静置约10小时，优化质地。

厨艺大师秘诀

冷藏成熟也有利于香气形成。

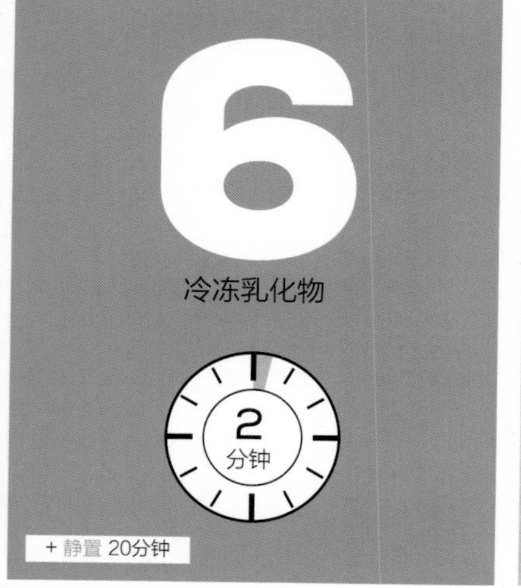

将贮存容器放入冷冻室。

厨艺大师秘诀

容器与冰淇淋温度相同可避免冰淇淋装入容器时融化，因为内容物与容器之间不存在温差。

将乳化物倒入冰淇淋机罐中，开机工作，得到最佳状态的冰淇淋。

从冰淇淋机罐中盛出冰淇淋，装入预冷的贮存容器中。

厨艺大师秘诀

如冰淇淋不马上食用，则将其贮存于-18℃的冷冻室。

牛奶巧克力冰淇淋

● **搭配饮料** 香兰奶昔//柠檬酒

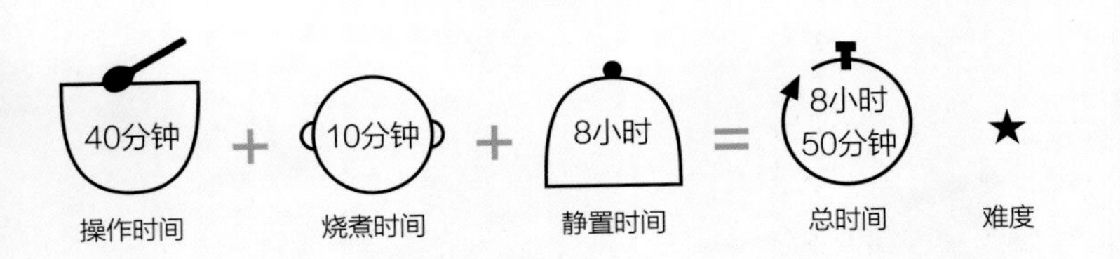

配方（8人量）

乳化物

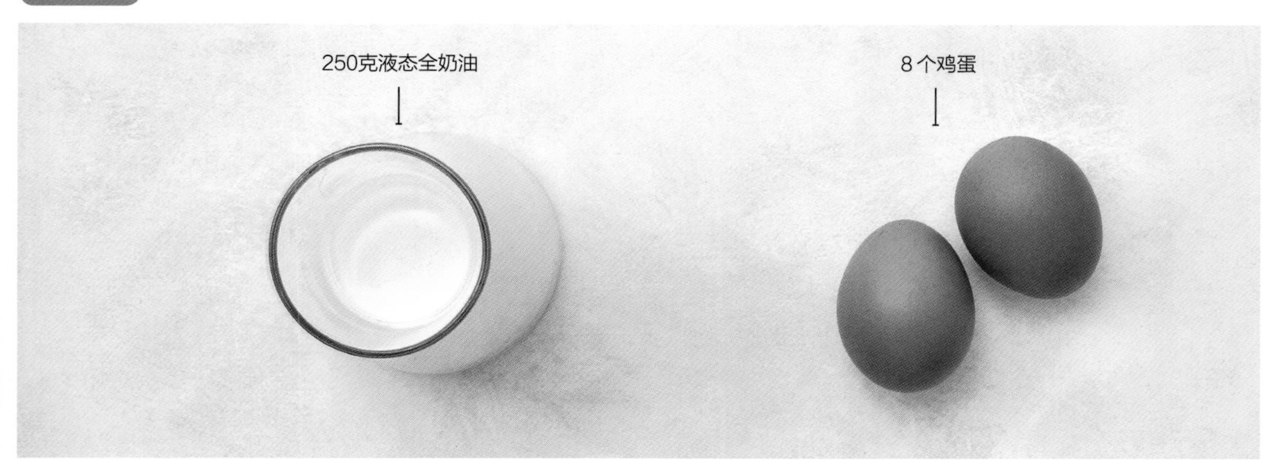

8小时前

完成配方制作，冷冻

如无电动搅拌机

可以手工搅打，但时间长、费劲。

改变巧克力

此配方用其他巧克力也完全没问题。

多余的蛋清

做成巧克力慕斯或酥皮。

配方变化

热带果味的巧克力冰淇淋

▶ 用新鲜热带水果汁替代水。

棒冰型巧克力冰淇淋

▶ 将乳化物浇入小模具，每一模具腔内插入小棍，然后冷冻。

在干燥砧板上用刀将150克牛奶巧克力剁碎。

厨艺大师秘诀

巧克力应剁得足够细，剁碎的巧克力表面如何不重要，只要细就行。

用适当的水浴熔化巧克力，并维持熔化状。

厨艺大师秘诀

用水浴熔化巧克力，有三点要注意：嘬嘴盅不能放在长柄锅水浴中；需要经常搅拌均匀；要避免水进入巧克力。

厨艺大师秘诀

用微波炉熔化巧克力，要将微波功率调到500瓦，时间设为30秒，其间要拌匀两次。

在烧煮锅中加入125克水和125克糖，煮沸。

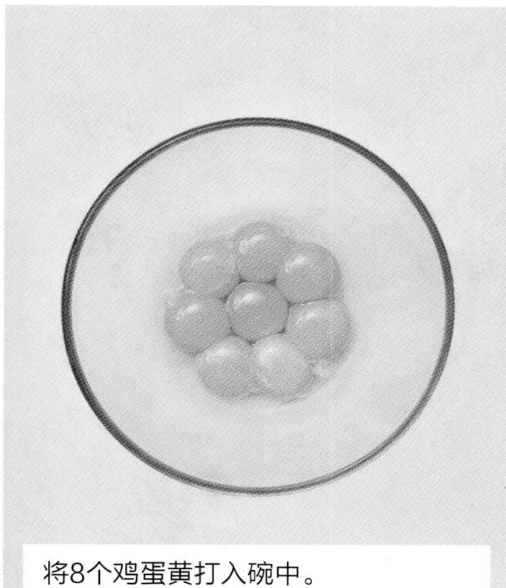

将8个鸡蛋黄打入碗中。

边搅打，边逐渐将糖浆加入蛋黄中。

将混合物倒入长柄烧锅，文火加热，不停搅动，使其成为有点像英国奶油的状态。

当混合物温度达到82℃时，关火。

将混合物倒入搅打盆。

快速搅打至完全冷却，成为轻而光滑的慕斯。

将250克冷透的液态奶油倒入搅打盆。

厨艺大师秘诀

冷透的容器便于奶油打发起泡。搅打奶油时，其中的油分子会束缚空气，即低温有利于分子固化，不会熔化，从而有利于奶油胀发。

快速搅打奶油：使其起泡，但泡沫不要太坚挺。

使巧克力保持热且熔化的状态，必要时，用微波炉加热几秒钟。

在以上牛奶巧克力中快速搅打加入三分之一萨芭雍，以平衡其质地。

然后，用软铲边搅拌边缓缓加入其余的萨芭雍。

最后加入搅打过的奶油，成为混合乳化物。

将混合乳化物浇入硅胶模具。

模具置于冷冻室8小时，或过夜。食用前10分钟脱模。

侯爵夫人巧克力冰淇淋

• **搭配饮料** 香草朗姆酒//杏仁糖浆乳

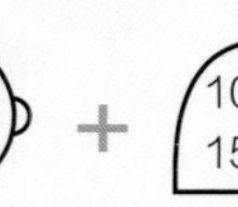

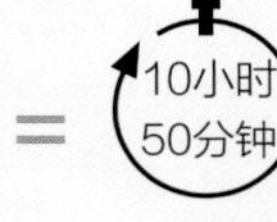
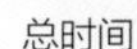

30分钟	+	5分钟	+	10小时15分钟	=	10小时50分钟	★
操作时间		烧煮时间		静置时间		总时间	难度

配方（约8人量）

乳化物

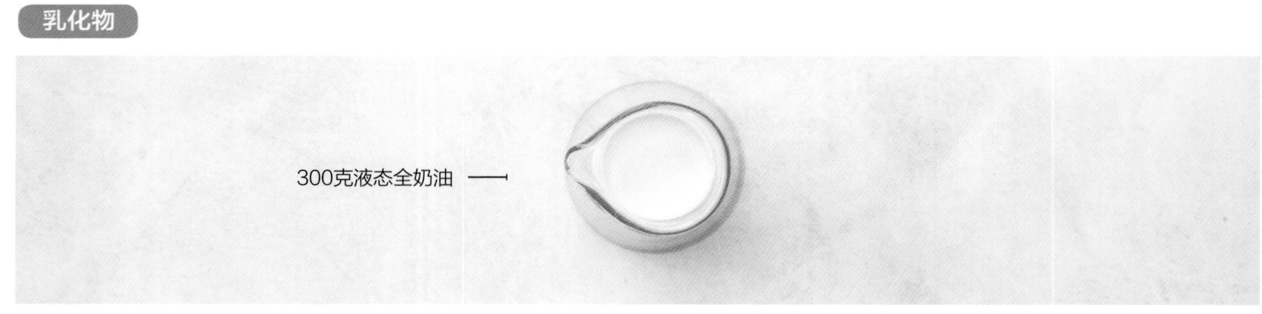

10小时前

混合物老化。

如无奶粉

用全脂牛奶替代水和奶粉。

改变口味

用冷杉蜂蜜替代合金欢蜂蜜，很有意大利情调。

剩下的奶粉

用于糕点，效果很好。

配方变化

侯爵夫人巧克力焦糖冰淇淋

► 用焦糖替代香草糖。

单人份侯爵夫人巧克力冰淇淋

► 用小瑞士罐装冰淇淋。

1

剁碎巧克力

2
分钟

将250克牛奶巧克力置于干净砧板，用大刀将其剁碎。

厨艺大师秘诀

巧克力应剁得足够细，剁碎的巧克力表面如何不重要，只要细就行。

用水浴或低功率微波加热熔化巧克力。

厨艺大师秘诀

用水浴熔化巧克力，有三点要注意：嘛嘴盅不能放在长柄锅水浴中；需要经常搅拌均匀；要避免水进入巧克力。

厨艺大师秘诀

用微波炉熔化巧克力，要将微波功率调到500瓦，时间设为30秒，其间要拌匀两次。

将500克水和75克奶粉倒入长柄烧锅。

加入50克合金欢蜂蜜，煮沸。

将三分之一混合物倒在熔化的巧克力中。

用软铲，由中间开始，然后向四周使劲搅动。

再分两次加入其余的蜂蜜牛奶，同时，软铲的转动圈子越来越大。

制备物用搅拌混合机乳化30秒，得到光滑的乳化物。

将制备物冷藏静置约10小时，使质地优化。

厨艺大师秘诀

冷藏成熟也有利于香气形成。

将一贮存盒放入冷冻室。

厨艺大师秘诀

冷透的容器便于奶油打发起泡。搅打奶油时，其中的油分子会束缚空气，即或者说低温有利于分子固化，不会熔化，从而有利于奶油胀发。

将乳化物倒入冰淇淋机料罐中，开启运行直至获得所需质地的冰淇淋。

将冰淇淋从料罐中盛出装入预冷的贮藏盒中，冷冻。

厨艺大师秘诀

侯爵夫人巧克力冰淇淋如不马上食用，则要放至-18℃冷冻室贮存。

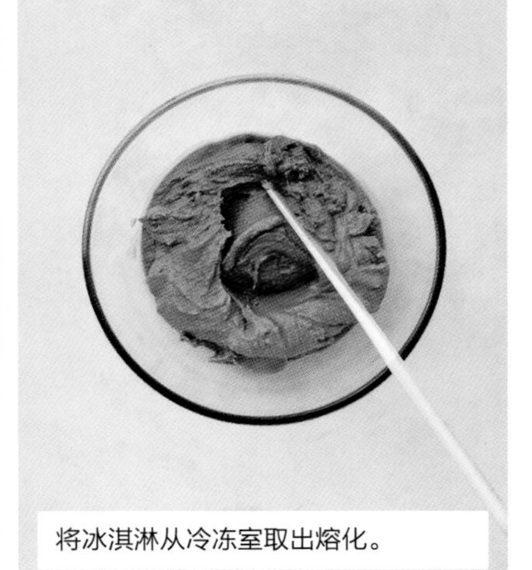

将冰淇淋从冷冻室取出熔化。

将300克液态奶油和香草糖搅打成稳定的奶油糖霜。

将奶油糖霜与冰淇淋混合。

将小椭球侯爵夫人巧克力冰淇淋装入冰杯或小罐。

巧克力橙舒芙蕾冰淇淋

● **搭配饮料** 橘子水//佛手茶

1小时 操作时间 + 7分钟 烧煮时间 + 8小时 静置时间 = 9小时 总时间

★★ 难度

配方（8人量）

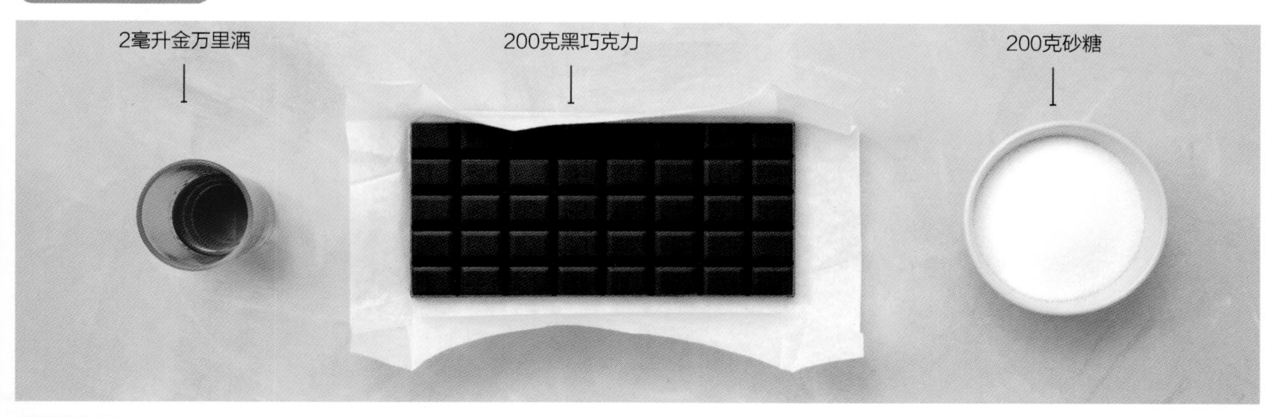

乳化物

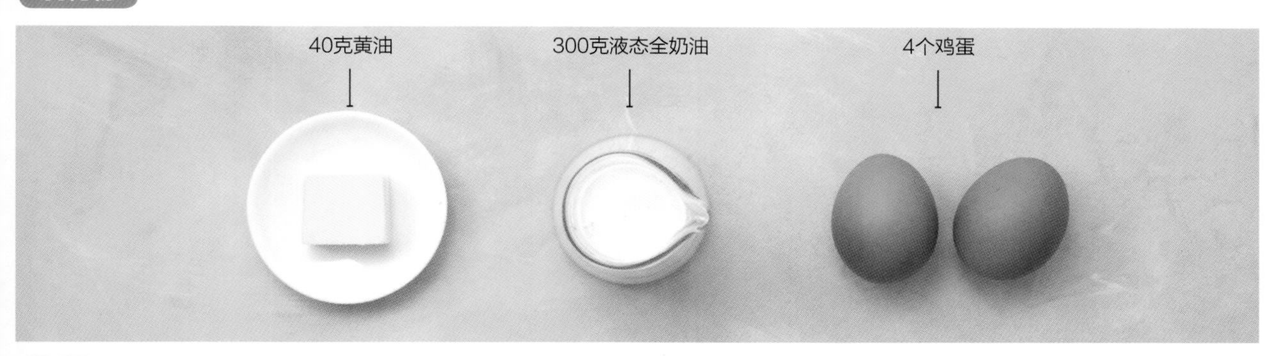

水果

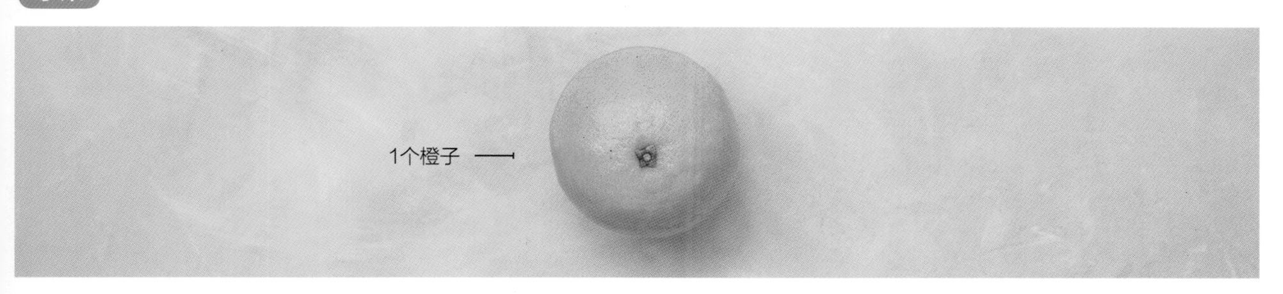

12小时前

完成舒芙蕾的制作，以便食用时足够结实。

如无金万里

用朗姆酒替代。

改变质地

做成焦糖冰淇淋片，替代舒芙蕾。

余下的蛋黄

做成英式奶油。

配方变化

巧克力柑橘舒芙蕾冰淇淋

► 添加青柠檬皮及葡萄柚皮。

外卖式巧克力橙舒芙蕾冰淇淋

► 装纸杯，不加满。

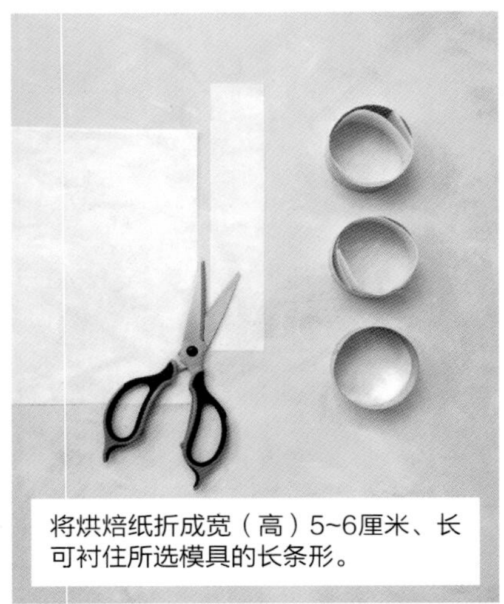
将烘焙纸折成宽（高）5~6厘米、长可衬住所选模具的长条形。

40克黄油软化，刷涂在8个模具内。

将纸带卷贴在模具内，使纸带高出模具1~2厘米。

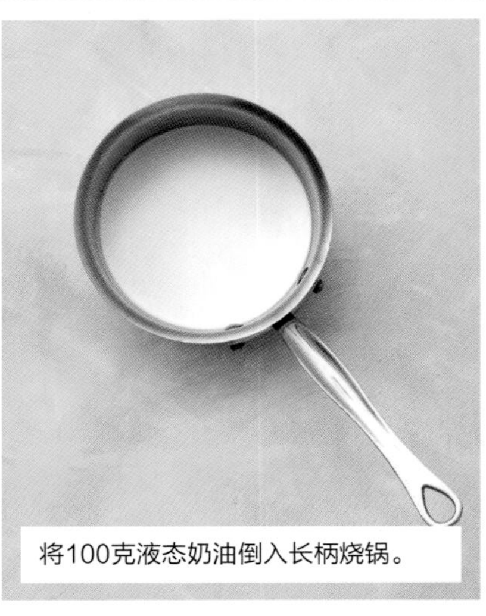
将100克液态奶油倒入长柄烧锅。

洗净擦干1个橙子，将其外皮刨皮放入奶油中。

将橙子切成两半，挤压出一半汁液。

逐渐将挤出的橙汁加入奶油，同时搅拌避免结颗粒。

3 混合橙汁甘纳许

10 分钟

+ 烧煮 2分钟

将加香奶油加热至沸腾。

在干净砧板上用刀将200克黑巧克力剁碎。

将奶油倒在剁碎的巧克力上，让其热作用片刻，然后搅动混合。

加入2毫升金万里酒调香，保持温热调匀。

4 瑞士酥皮

10 分钟

+ 烧煮 5分钟

准备一个水浴锅。

在大碗中加入4个蛋清及200克糖。

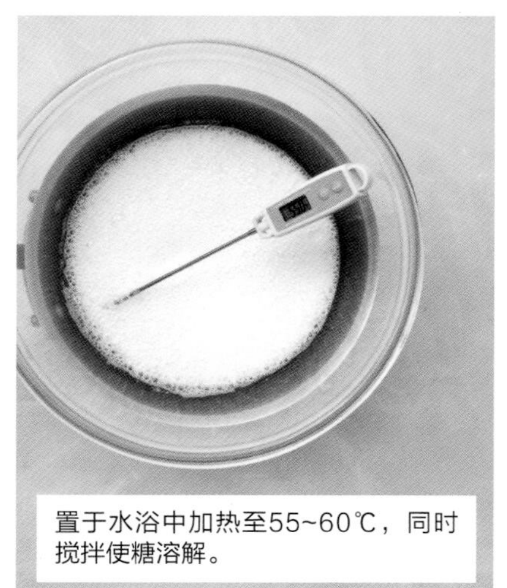

置于水浴中加热至55~60℃，同时搅拌使糖溶解。

终止加热，使劲搅打至完全凝结成霜。

5

舒芙蕾乳化物

10 分钟

将蛋黄糖霜加入调香甘纳许，先快速加入三分之一，其余的缓缓加入。

使劲将250克冷奶油搅打起泡，但泡沫不要太坚挺。

缓缓将搅打奶油与酥皮甘纳许混合成舒芙蕾乳化物。

6

冷冻舒芙蕾

5 分钟

+ 静置 8小时

将舒芙蕾乳化物分配至衬纸的模具中。

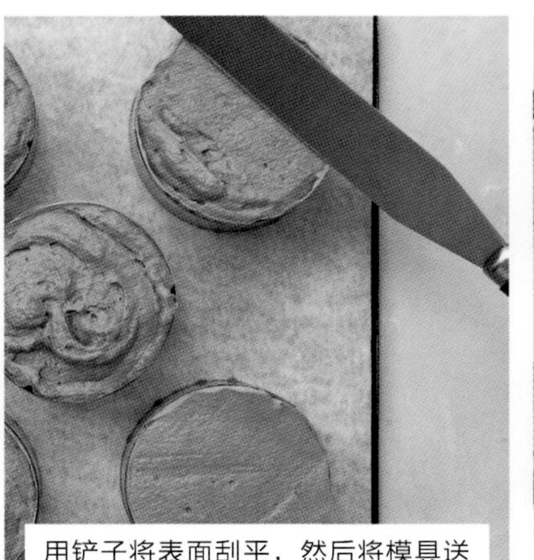

用铲子将表面刮平，然后将模具送入冷冻室静置8小时。

小心脱模及拿下纸带，然后食用。

白巧克力酱

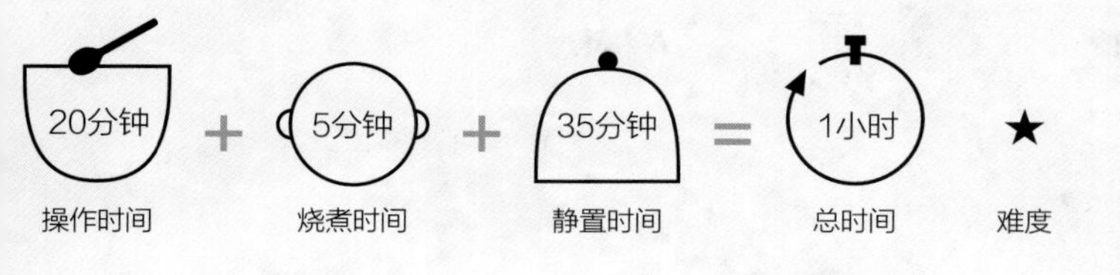

配方（8人量）

乳化物

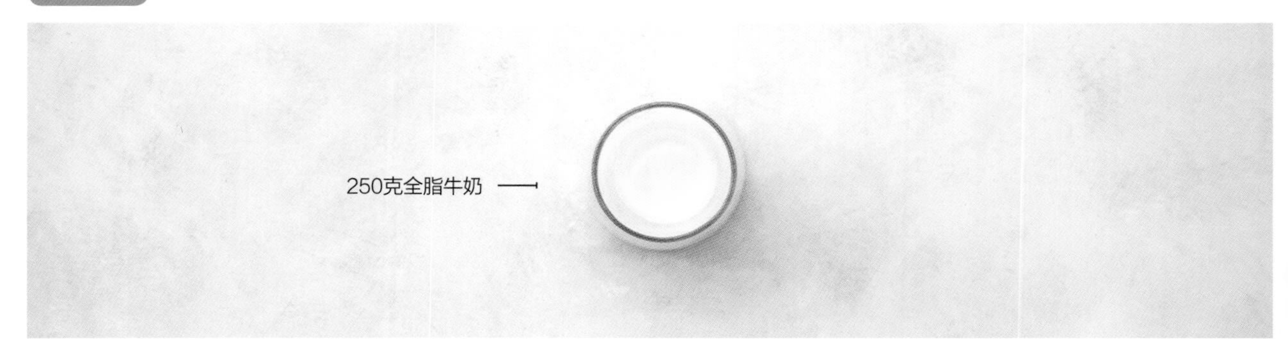

改变颜色

根据喜好，在酱体中选择加入脂溶性着色剂（粉剂）。

无全脂牛奶

利用半脱脂牛奶，并加入5克黄油。

多余的白酱

装在密封的容器中，冷冻保存，为下次使用。

配方变化

牛奶巧克力酱

▶ 用牛奶巧克力替代黑巧克力，但只放7张明胶片。

提前制备

▶ 制备好甜点，并将其冷冻。只在接近最后时刻，才取出解冻并搅拌成糊。

将600克白巧克力置于干净砧板，用大刀将其剁碎。

将剁碎的巧克力转移到耐热的大碗中。

厨艺大师秘诀

巧克力应剁得足够细，剁碎的巧克力表面如何不重要，只要细就行。

用低功率微波加热熔化巧克力。

厨艺大师秘诀

用微波炉熔化巧克力，要将微波功率调到500瓦，时间设为30秒，其间要拌匀两次。

厨艺大师秘诀

用水浴熔化巧克力，有三点要注意：嘶嘴盅不能放在长柄锅水浴中；需要经常搅拌均匀；要避免水进入巧克力。

搅打熔化的巧克力，确保其完全熔化，不含团块。

在色拉盆中装冷水。

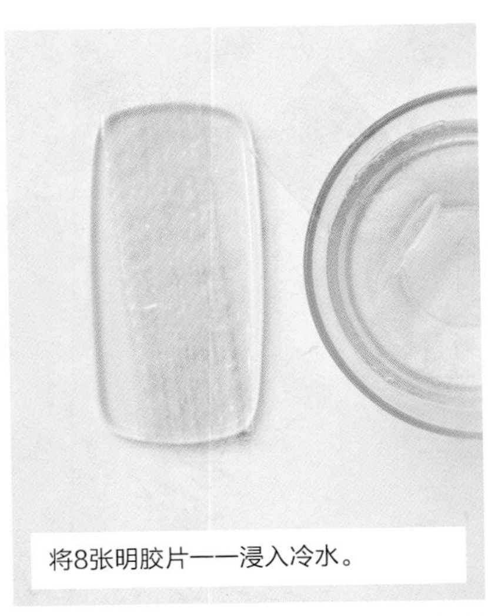

将8张明胶片一一浸入冷水。

厨艺大师秘诀

明胶最好一张张地投入水中，因为如成堆投入，会影响其充分吸水。

在长柄烧锅中倒入250克全脂牛奶。

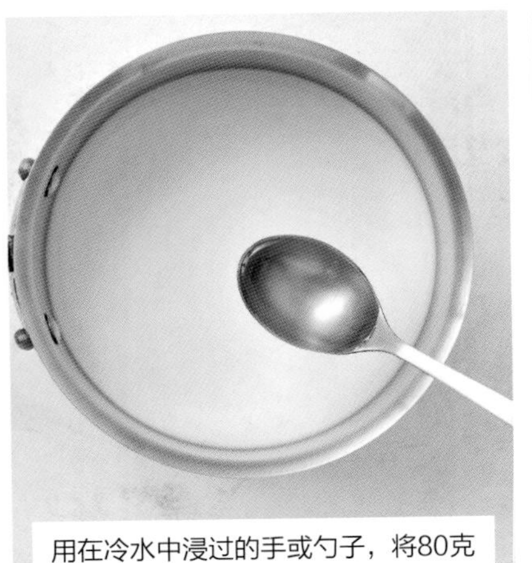

用在冷水中浸过的手或勺子，将80克葡萄糖浆洒入牛奶烧煮锅中。

迅速煮沸。

明胶片用筛网沥水。

将明胶片用手拧干，然后投入牛奶烧锅，加热。

用铲子搅动使明胶片在牛奶中溶化。

厨艺大师秘诀

明胶中的水应尽量拧除，以免稀释溶质，最好称重，去除不必要的水分。

将热牛奶倒入熔化的白巧克力中。

用软铲缓缓搅和，以得到均匀无空气的酱料。

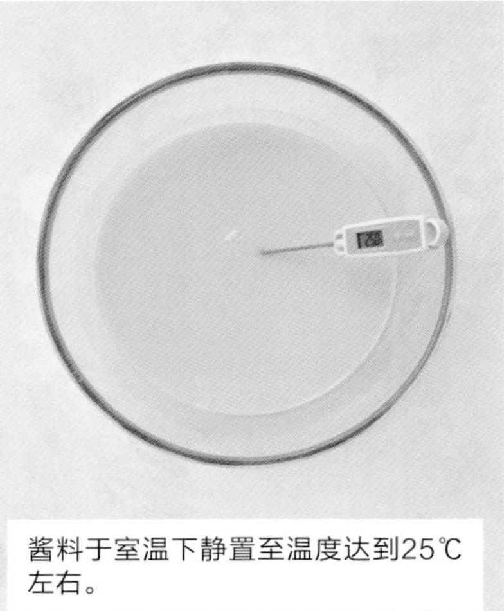

酱料于室温下静置至温度达到25℃左右。

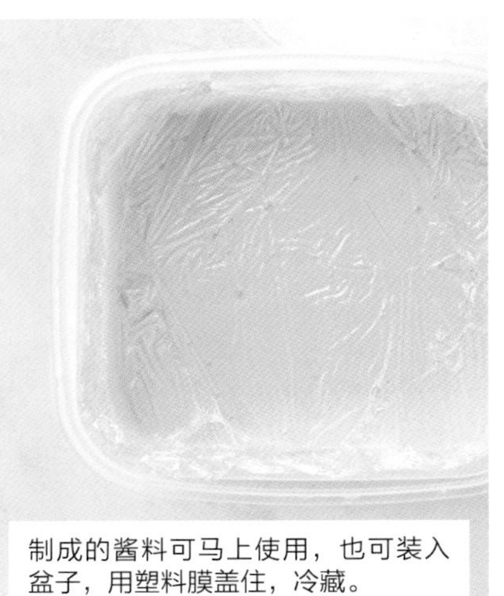

制成的酱料可马上使用，也可装入盆子，用塑料膜盖住，冷藏。

特亮巧克力酱

20分钟 + 8分钟 + 1小时15分钟 = 1小时45分钟 ★

操作时间 烤煮时间 静置时间 总时间 难度

配方（8人量）

乳化物

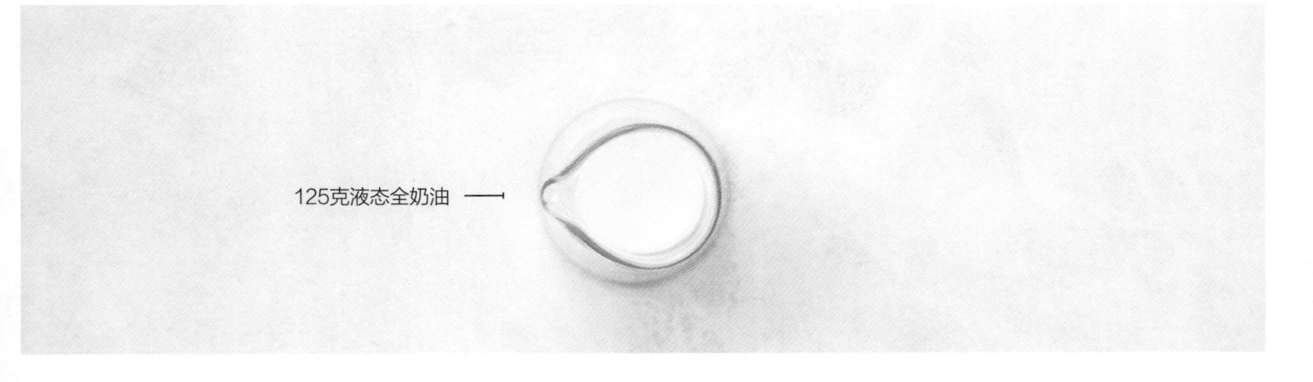

多余的酱料

装在密封盒冷冻保藏，供下次使用。

如无砂糖

用冰糖替代。

改变颜色

不使用可可，而是使用选择的粉剂食用色素。

加深颜色

▶ 加入脂溶性食用红色素，以提供更深的颜色。

将125克液态奶油、145克水和180克糖倒入足够高的长柄烧锅。

厨艺大师秘诀

类似于牛奶，烧煮时混合物会上升，因此要用足够深的长柄烧锅。

将混合物煮沸。

注意避免溢出锅边，因为煮沸时混合物体积会增加许多。

烧煮过程中，将60克可可粉加入混合物。

加入可可粉时要搅打，以免产生颗粒。

厨艺大师秘诀

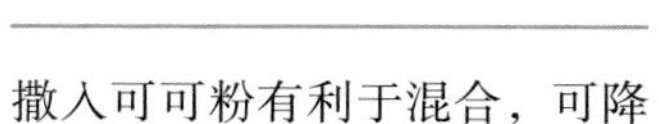

撒入可可粉有利于混合，可降低出现团块的机会。

继续烧煮酱料，使其沸腾5分钟。

将酱料倒入一贮罐中。

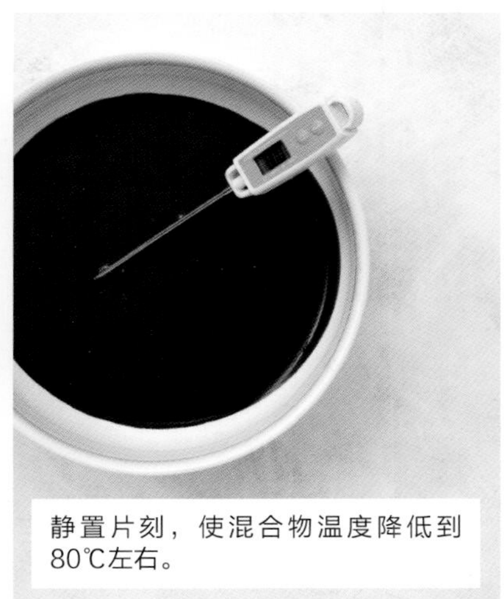

静置片刻，使混合物温度降低到80℃左右。

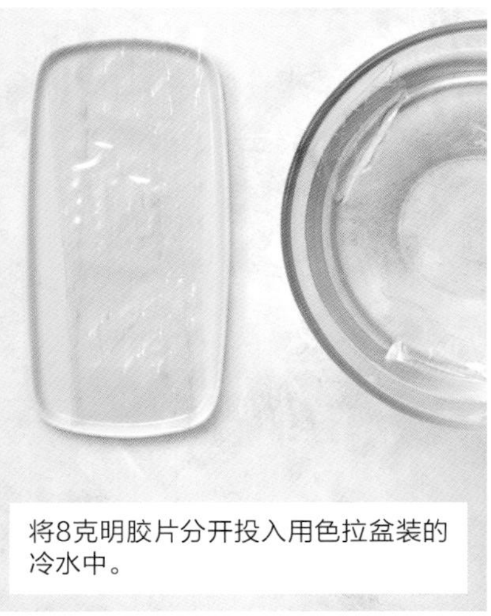

将8克明胶片分开投入用色拉盆装的冷水中。

厨艺大师秘诀

明胶片最好一张一张地分开投入水中，因为一起投入水中会影响明胶吸水。

用手将明胶片中的水拧干，然后投入酱料中。

搅打使明胶溶于热酱料中。

厨艺大师秘诀

明胶必须拧干，以免其所带的水引起溶质稀释作用。最好称一下，以除去多余的水分。

酱料在室温下至少静置1小时，使用时应已冷透，但仍为液体状。

厨艺大师秘诀

可提前制备酱料干，但使用前要重新用微波或水溶加热。

将一格栅置于适当大小的容器之上，再将需要盖浇酱料的甜点置于格栅。

厨艺大师秘诀

直到使用前都不能搅打酱料干，以免酱料产生大量气泡。

将酱料全部倒在甜点上，使多余的酱料流入下方的接受容器。

如果有未被酱料覆盖的区域，重新操作，并让其硬化。

塑型巧克力

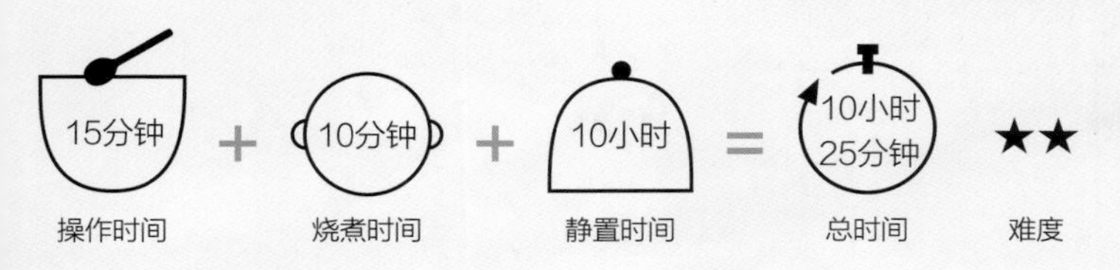

配方（约850克塑型巧克力）

如要改变颜色

用650克白巧克力替代黑巧克力，并加入喜欢的脂溶性粉状色素。

如无葡萄糖浆

留着用于下次制备可方便地从超市厨房用品货架上找到。

多余的塑型巧克力

做成饼，用塑料膜裹起来，放入与空气隔绝的容器，避光保存。如果包装防水，可保存几星期。

塑型巧克力//造型用巧克力泥

塑型巧克力适用于塑造精制物件，也用于覆盖甜点；而造型用巧克力泥较坚实，用于凹凸面造型。

配方变化

▶ 通常，如需制备塑型巧克力盖面白巧克力，500克黑巧克力用650克白巧克力替代，葡萄糖浆使用量不变。这样可以根据需要对巧克力配色，但要使用脂溶性食用色素。

将500克黑巧克力置于干净的砧板。

用刀将巧克力剁碎。

用低功率微波或水浴加热熔化巧克力。

厨艺大师秘诀

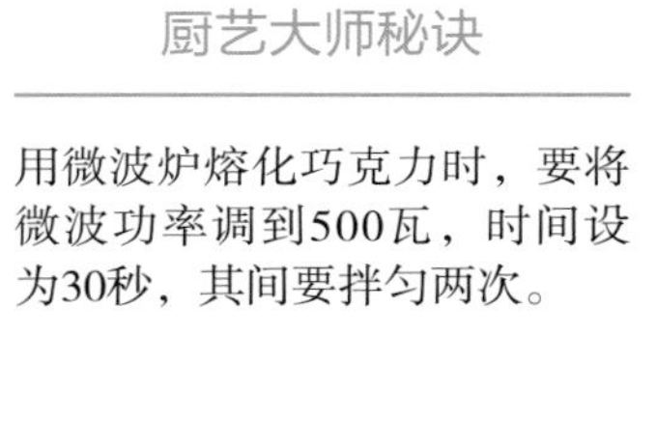

用微波炉熔化巧克力时，要将微波功率调到500瓦，时间设为30秒，其间要拌匀两次。

厨艺大师秘诀

用水浴熔化巧克力时，有三点要注意：嘴嘴盅不能放在长柄锅水浴中；需要经常搅拌均匀；要避免水进入巧克力。

将水浴中的水加热。

将手指或勺子在冷水中浸一下，取370克葡萄糖浆装入一大碗中。

将大碗放入，水浴加热，使葡萄糖浆温度升至40℃左右。

厨艺大师秘诀

也可用低功率（500瓦）微波温热葡萄糖。

用软铲将全部熔化的巧克力转移到葡萄糖浆中。

缓缓地将巧克力与葡萄糖浆混合均匀，注意不要将空气带入混合物。

厨艺大师秘诀

如混合物冷却过头，可在微波炉中加热数秒钟使其温热。

将混合物转移到带盖防水容器中。

厨艺大师秘诀

也可以待巧克力泥冷却到一定程度后，做成布丁。

用塑料膜贴盖住，以防巧克力泥结皮，容器加盖在阴凉处静置10小时。

厨艺大师秘诀

静置可使各组物充分相互作用。

5

揉巧克力泥

1 分钟

测试巧克力泥的柔软性：应与模具糕点面团有相同的性状。

厨艺大师秘诀

如巧克力泥太硬，可以低功率微波加热数秒钟，使其柔和。

成型或滚压以前，揉动巧克力泥使其变柔软。

6

使用巧克力泥

戴上手套进行巧克力造型，以免在巧克力上留下痕迹。

为防止完工的巧克力装饰品染上灰尘，可用塑料膜罩上，但不要裹紧。

光亮巧克力

配方（8人量）

乳化物

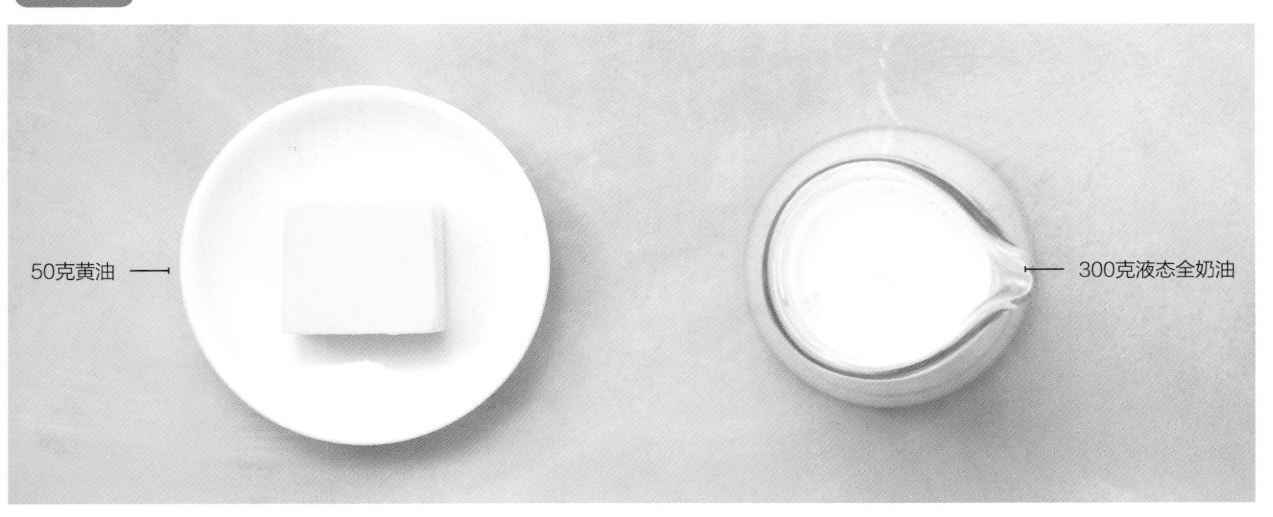

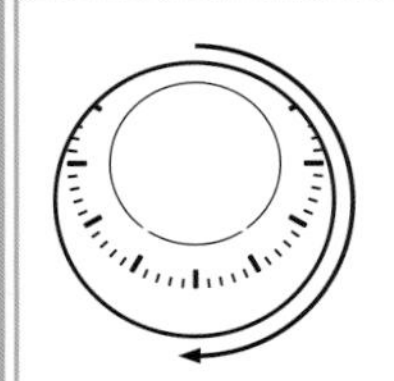

提前

提前制备甘纳许，黄油最后加。

如无合金欢蜂蜜

用其他蜂蜜或红糖替代。

改变质地

用加工器搅打甘纳许。

多余的甘纳许

做成可口的糖果。

配方变化

用全脂牛奶制备

▶ 用全脂牛奶替代奶油，再增加30克黄油。

榛子上光巧克力

▶ 烘烤榛子酱，过筛。榛子粉加入奶油浸泡1小时。

将50克黄油切成1~2厘米见方的黄油丁。

厨艺大师秘诀

黄油应迅速熔化，因此要切成丁，这样对其乳化状态有利。

在室温下静置10分钟，使黄油软化。

将150克黑巧克力置于干净的砧板。

用大刀将巧克力剁碎。

厨艺大师秘诀

巧克力应适当剁碎，剁切表面是什么样不重要，关键是要剁成薄碎片。

将剁碎的巧克力装入大碗。

3 煮沸奶油

2 分钟

+ 烧煮 2分钟　+ 静置 2分钟

将300克液态奶油和50克蜂蜜加入烧煮锅。

加热至沸腾，保持沸腾10秒钟，关火。

将奶油从炉灶移开，静置至温度降至80℃。

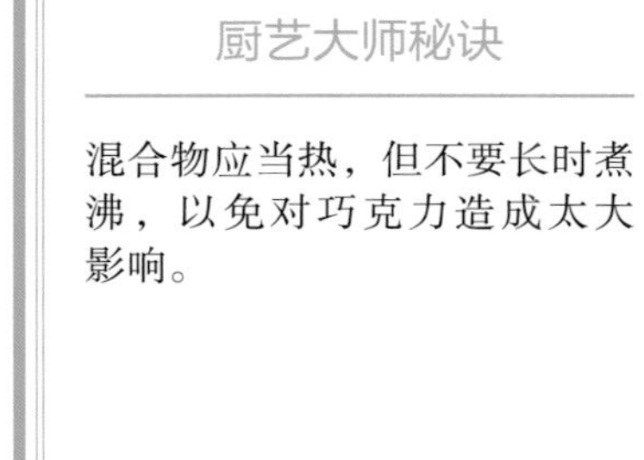

厨艺大师秘诀

混合物应当热，但不要长时煮沸，以免对巧克力造成太大影响。

4 制作甘纳许

5 分钟

将热蜂蜜奶油倒入剁碎的巧克力中。

让其热作用片刻。

从中间开始用软铲混合甘纳许。

逐渐扩大搅拌圈，使巧克力熔化。

用软铲子调和甘纳许，确保所有巧克力得到熔化。

使甘纳许温度降至40℃左右。

然后，逐渐加入软化的黄油。

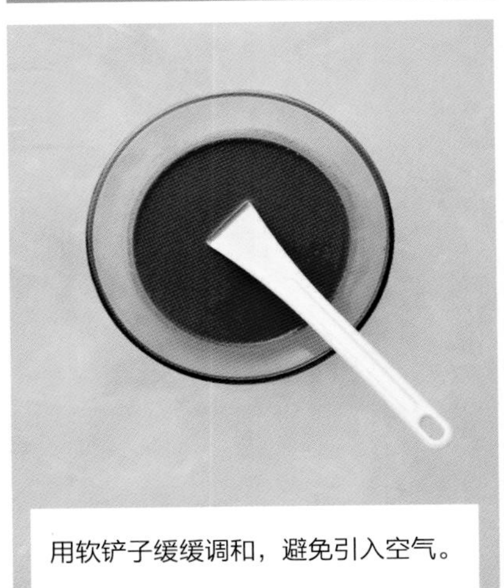

用软铲子缓缓调和，避免引入空气。

厨艺大师秘诀

空气会使混合物发白，这里需要的是有光亮深色的外观。

用制备的甘纳许做甜点面料。

厨艺大师秘诀

为保持巧克力酱最佳光亮状态，可在新制成的甜点出售前，让甘纳许在室温下结晶。

黑巧克力刨花和褶花

配方

2小时前

提前做好巧克力刨花，以便使用时足够脆。

如无大理石

使用糕点板替代。

改变形状

稍有经验，就可做成卷筒状、波浪状等。

多余的巧克力

恢复原料状态，装入密封袋，存储备用。

配方变化

果仁咖啡巧克力

▶ 杏仁糖巧克力用浓咖啡甘纳许替代。

爆米花巧克力

▶ 花边可丽饼用爆米花替代。

将400克黑巧克力置于干燥砧板，用刀将其剁碎。

+ 烧煮 5分钟

用低功率微波或水浴加热熔化巧克力。

厨艺大师秘诀

用微波炉熔化巧克力，要将微波功率调到500瓦，时间设为30秒，其间要拌匀两次。

厨艺大师秘诀

用水浴熔化巧克力，有三点要注意：嘶嘴盅不能放在长柄锅水浴中；需要经常搅拌均匀；要避免水进入巧克力。

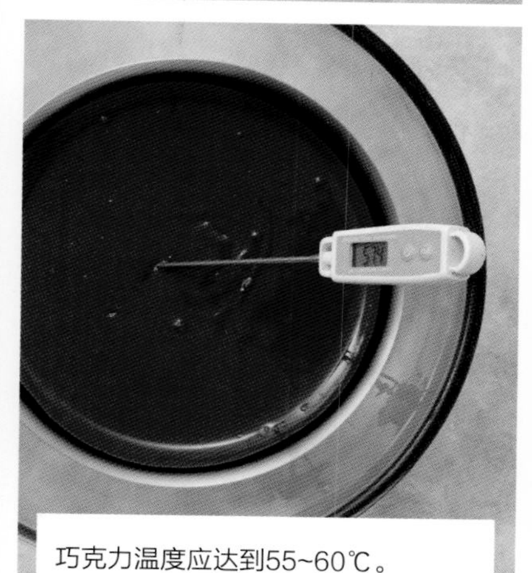

巧克力温度应达到55~60℃。

将熔化的巧克力倒在大理石或案板上，冷却到所需温度。

用铲子或刮板将巧克力摊开，然后刮至一角，然后再摊开刮至另一角。

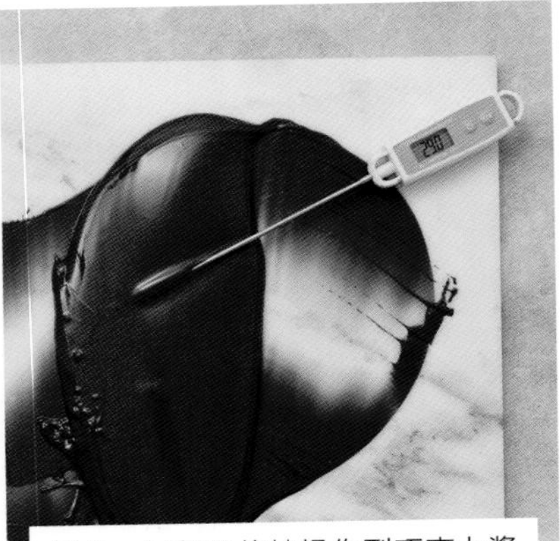

如此，反复不停地操作到巧克力酱温度降低到28~29℃为止。中间不要停顿，以免形成结晶。

再将巧克力装回容器。

4 回温

1 分钟

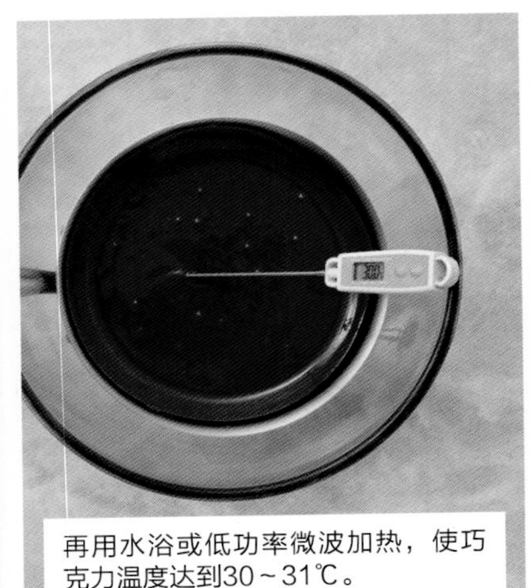

再用水浴或低功率微波加热，使巧克力温度达到30~31℃。

5 巧克力刨花

3 分钟

将部分巧克力倒在大理石上，用铲子将其摊成厚1.5~2毫米的薄层。

待巧克力开始凝固，但仍有柔软性时，开始刨巧克力花。

使铲刀或大刀刀片在巧克力上滑动，产生巧克力刨花。

将铲刀朝前直推出“卷烟”状巧克力刨花条。

斜向滑动切刀产生“木屑刨花”状巧克力刨花。

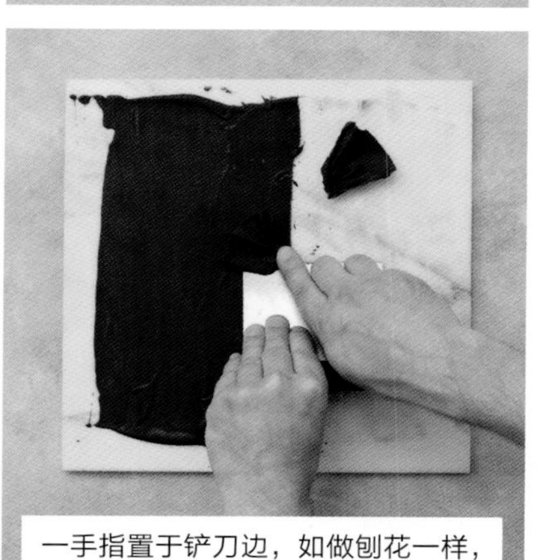

一手指置于铲刀边，如做刨花一样，一直朝前推。如此可得到自然的巧克力褶花。

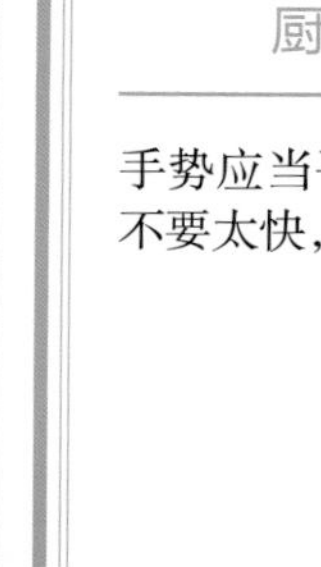

厨艺大师秘诀

手势应当平稳均匀，要快，但不要太快，以得到完美的褶花。

巧克力结晶后，要小心摆放刨花或褶花。

将巧克力刨花或褶花装于密封盒中，以免接触空气和灰尘。

厨艺大师秘诀

使用前要让巧克力刨花和褶花完全结晶。

造型用巧克力泥

15分钟 + 5分钟 = 20分钟 ★

操作时间　烧煮时间　总时间　难度

配方

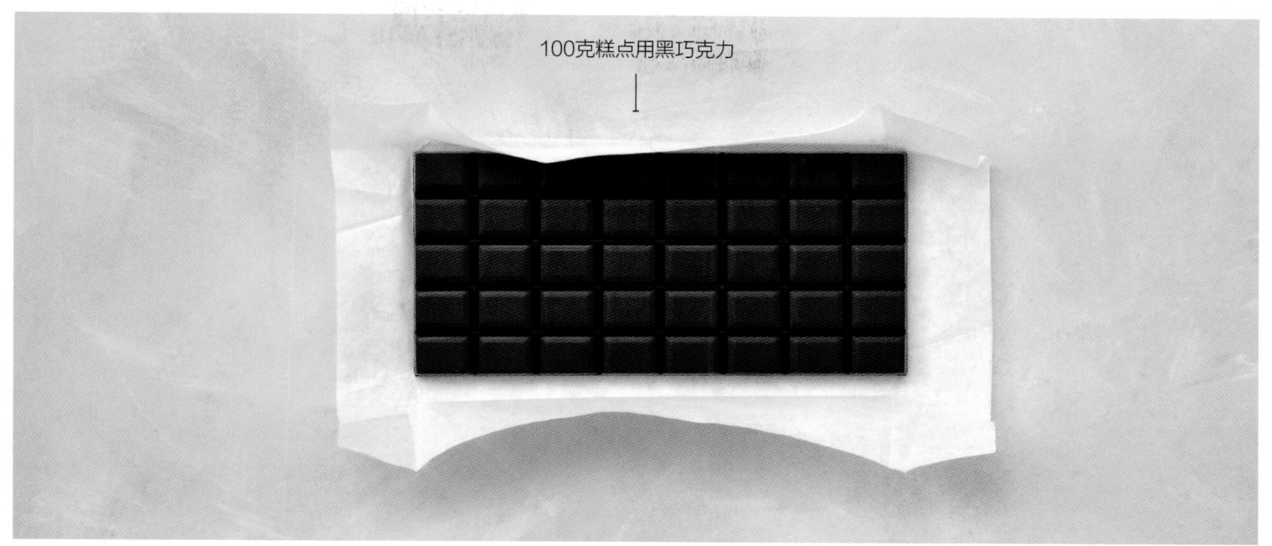

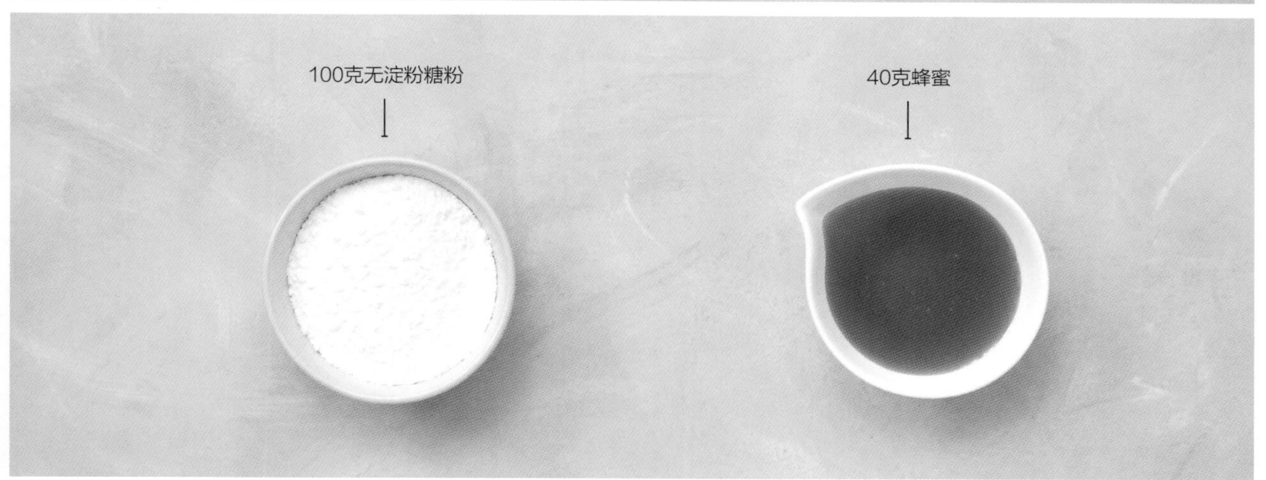

改变形状

本配方制品造型完全依赖于厨师的灵活性。

造型用巧克力泥//塑型巧克力

塑型巧克力适用于塑造精制物件，也用于覆盖甜点；而造型用巧克力泥较坚实，用于凹凸面造型。

如缺无淀粉糖粉

将糖粉碎过筛成糖粉。

多余的巧克力泥

用密封盒装，可在冰箱中保存几星期。

配方变化

改用牛奶巧克力

► 制作技术相同。

可食用巧克力泥

► 用洗干净的手或戴手套操作，并避免巧克力接触灰尘。

将100克黑巧克力置于干燥砧板上。

用刀将巧克力剁碎，装入大碗。

在长柄烧锅中加水，在锅底摆一个铝箔纸圈，加热。

厨艺大师秘诀

铝箔纸圈（如馅饼模圈）可避免装有巧克力的大碗底直接与长柄烧锅底相接触，从而避免巧克力烧煳。

用水浴加热熔化巧克力。

将40克蜂蜜用微波加热几秒钟，使其成为液态。

从水浴中取出熔化巧克力的大碗。

利用铲子搅拌将蜂蜜加入巧克力。

逐渐加入糖粉，混合得到巧克力泥。

待所有糖粉完全加入后，将巧克力泥转移到一张烘焙纸上。

通过破碎折叠方法揉捏巧克力泥。

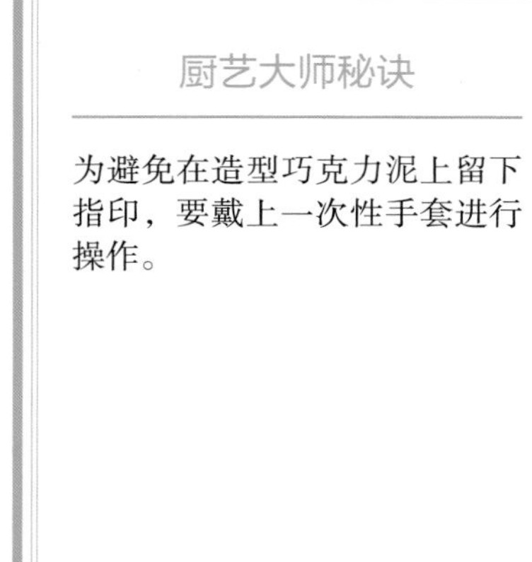

厨艺大师秘诀

为避免在造型巧克力泥上留下指印，要戴上一次性手套进行操作。

巧克力泥揉到均匀柔滑为止。

6 巧克力泥造型

将造型巧克力泥置于一张烘焙纸上，以便操作。

如巧克力太坚实，用低功率微波加热几秒钟。如太软，置静片刻。

将造型巧克力泥做成不同大小（与要造型的物件相当）的球。

也可将巧克力用两张烘焙纸夹住滚动。

厨艺大师秘诀

最简单的造型是将巧克力泥做成相同大小的球，随后可以将这些球做身体、头、眼睛等。

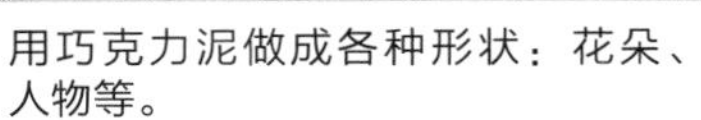

用巧克力泥做成各种形状：花朵、人物等。

将精致的巧克力物件贮存于避光防尘盒中。如用的是透光盒，用铝箔纸将其裹住。

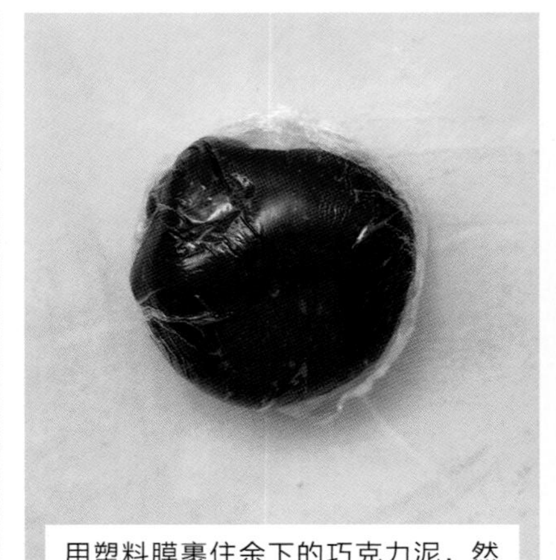

用塑料膜裹住余下的巧克力泥，然后装入密封盒，冷藏。

白巧克力棒糖

• **搭配饮料** 百利莱酒//薄荷水

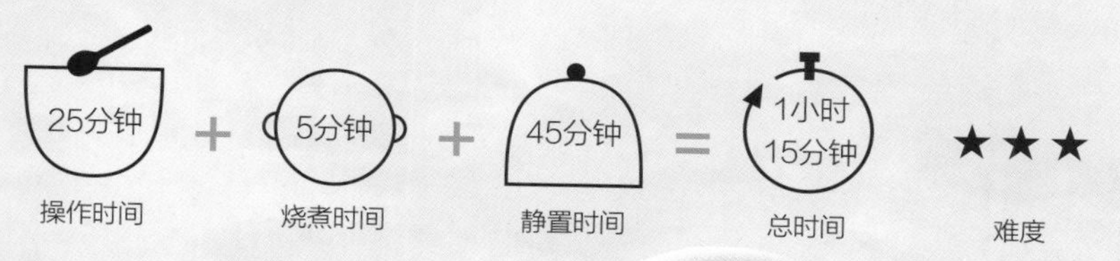

配方（约20根巧克力棒糖）

包装材料

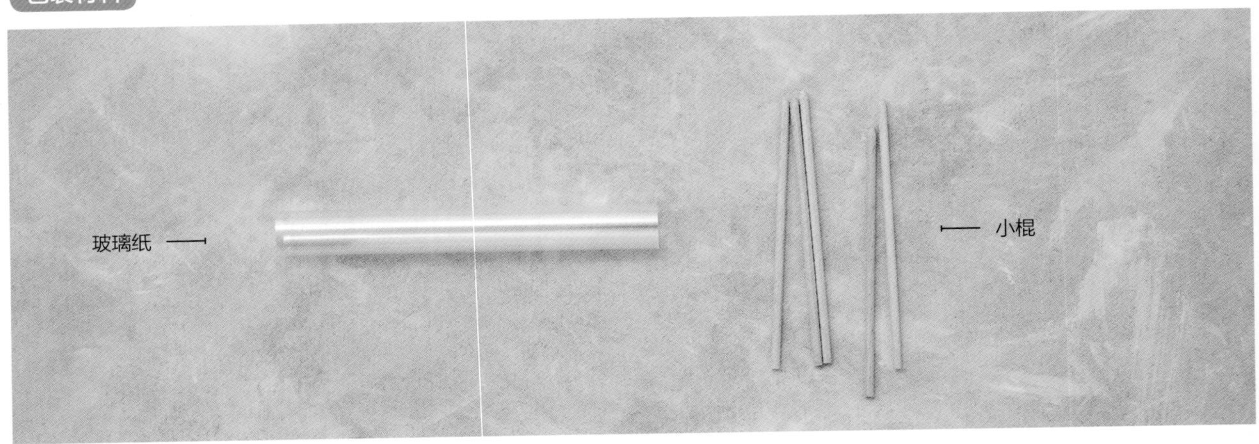

1小时前

糖果造型，让其结晶。

如无小棒

用油橄榄木棍。

改变形状

利用各种形状的模具造型，当然也可用日常器具作模具造型。

多余的巧克力

做成漂亮的小人糖果。

配方变化

白巧克力干果棒糖

▶ 在白巧克力中加入干果。

加香白巧克力棒糖

▶ 加少量肉桂皮、核桃、肉豆蔻及黑香豆。

1 熔化巧克力

5分钟

+ 烧煮 4分钟

将100克白巧克力置于洗净干燥的砧板上。

用刀将巧克力剁碎。

将约三分之二（300克）的白巧克力用水浴或低功率微波加热熔化。

厨艺大师秘诀

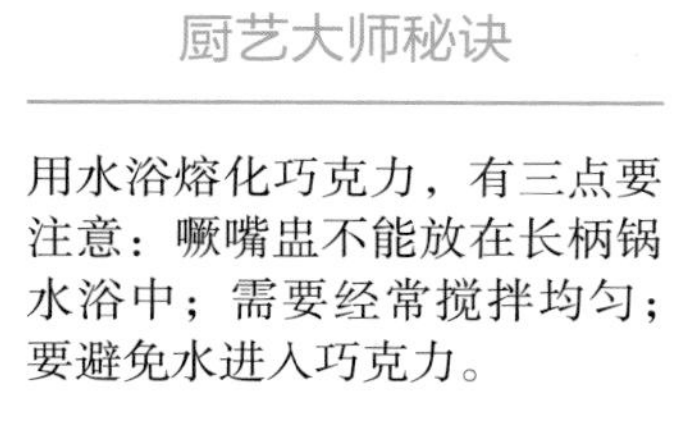

用水浴熔化巧克力，有三点要注意：啵嘴盅不能放在长柄锅水浴中；需要经常搅拌均匀；要避免水进入巧克力。

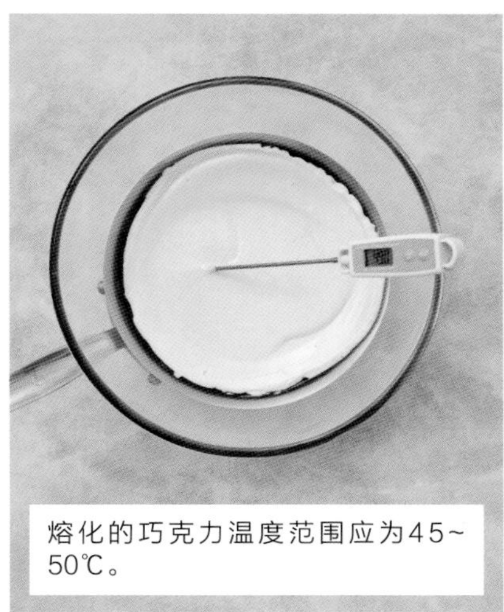

熔化的巧克力温度范围应为45~50℃。

厨艺大师秘诀

用微波炉熔化巧克力，要将微波功率调到 500瓦，时间设为 30 秒，其间要拌匀两次。

2 熔化巧克力撒晶种

2分钟

将余下的剁碎巧克力（100克）投入到熔化的巧克力中。

用软铲子调和，使巧克力液中不再存在颗粒，然后整体调匀。

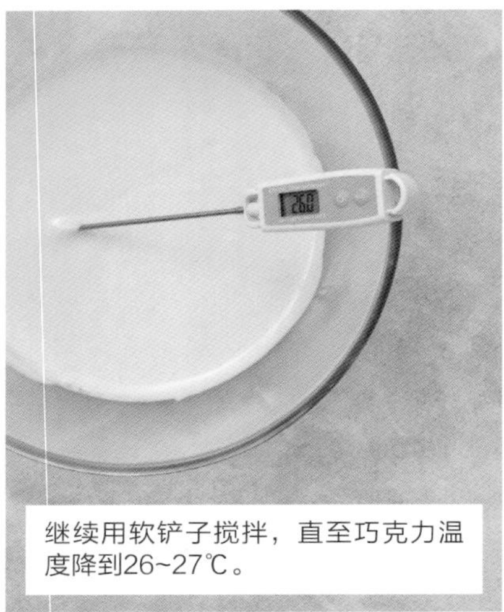

继续用软铲子搅拌，直至巧克力温度降到26~27℃。

厨艺大师秘诀

在此温度下，分子要发生重排，形成稳定质地。

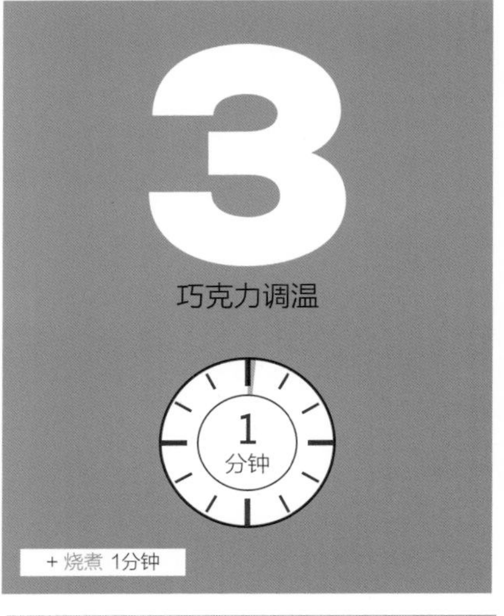

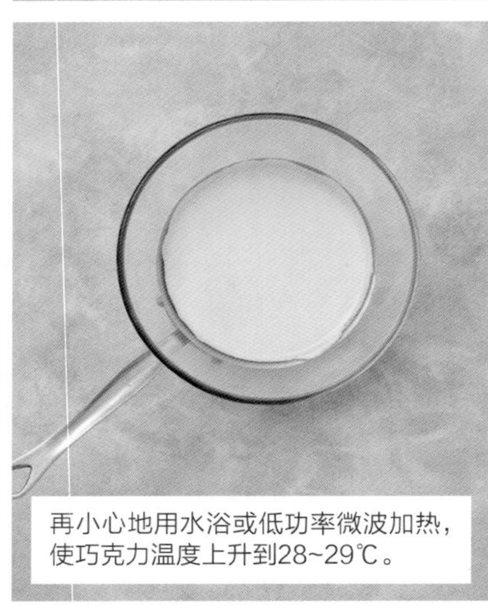

再小心地用水浴或低功率微波加热，使巧克力温度上升到28~29℃。

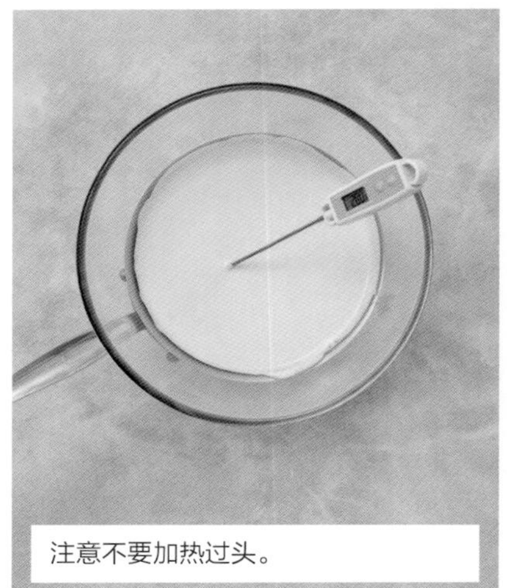

注意不要加热过头。

厨艺大师秘诀

在此温度下巧克力完全均匀，要具有明亮外观，适当的口感。

操作台铺一张厚塑料膜或常用纸，将巧克力转移到上面。

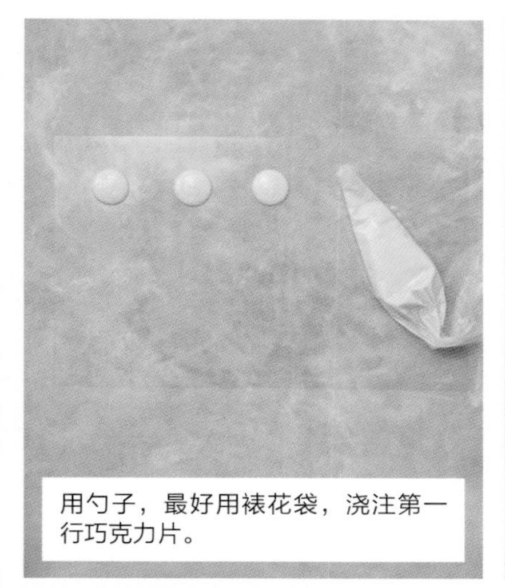

用勺子，最好用裱花袋，浇注第一行巧克力片。

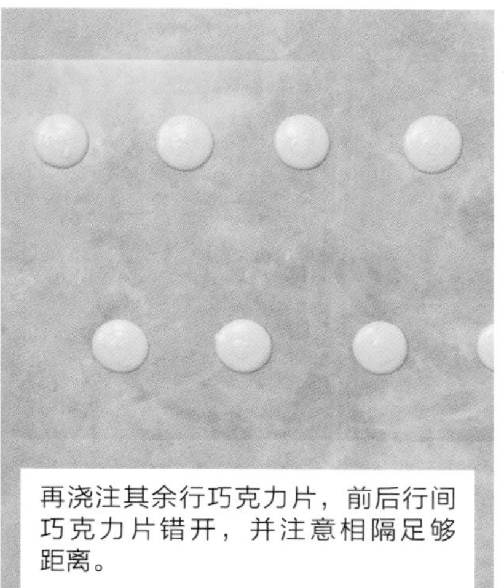

再浇注其余行巧克力片，前后行间巧克力片错开，并注意相隔足够距离。

厨艺大师秘诀

整个浇注片剂过程，要将其余巧克力置于水浴维持在28~29℃。

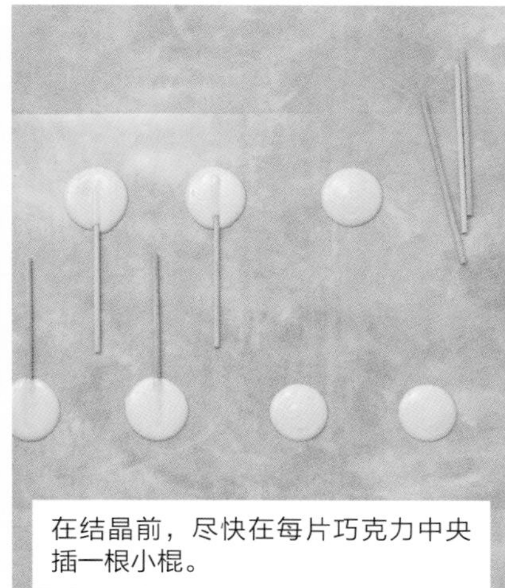

在结晶前，尽快在每片巧克力中央插一根小棍。

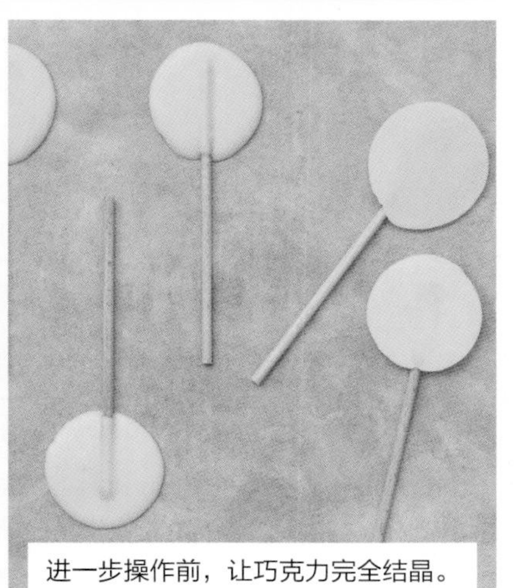

进一步操作前，让巧克力完全结晶。

将玻璃纸剪成方形，裹住巧克力糖果，阻挡灰尘。

厨艺大师秘诀

也可在巧克力糖果中加干果、花式糖（丝条形、星形等）。并且，最好用尖角纸筒进行装饰。

牛奶巧克力圣诞节饰物

配方

1小时前

完成装饰工作，以便顺利结晶。

如无烘焙纸

用传统纸替代。

多余的巧克力

做成褶花或刨花。

配方变化

黑巧克力圣诞节饰物

▶ 用黑巧克力替代牛奶巧克力，调整调温温度。

牛奶巧克力圣诞节饰物挂件

▶ 用热锥在每个巧克力饰物上刺一个孔，在小孔中穿一绳线，作为挂件装饰。

将400克牛奶巧克力装入一个大碗。

将大碗置于水浴中。

边搅拌巧克力边在水浴中加热，使牛奶巧克力慢慢熔化。

巧克力温度应达到45~50℃。

将装有巧克力的容器置于一冷水盆中。

用软铲子不断搅拌，直到巧克力温度达到27~28℃。

小心地用软铲刮动内壁和底部，以免巧克力结晶。

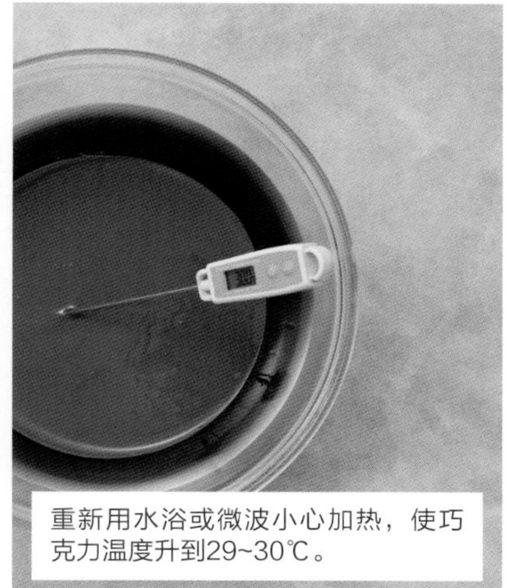

重新用水浴或微波小心加热，使巧克力温度升到29~30℃。

厨艺大师秘诀

使用微波加热时，巧克力的温度不应上下波动，这可用专门的恒温器实现，但水浴也可达到同样目的。

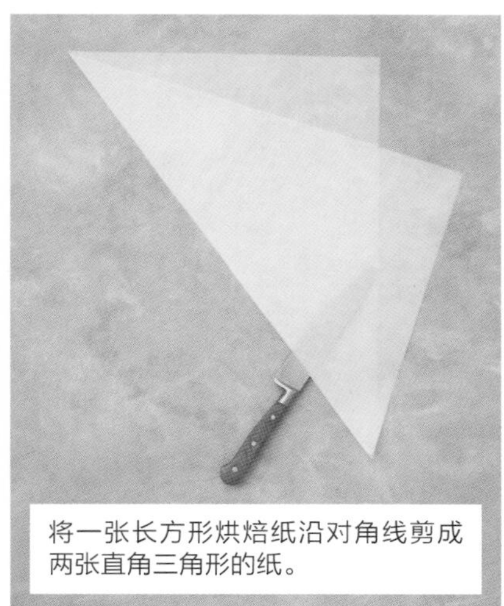

将一张长方形烘焙纸沿对角线剪成两张直角三角形的纸。

将一张三角形纸摆在台面上，使其直角位于右下方。

使左角纸尖朝直角边折成角筒。

用右手食指和拇指捏住，保持纸折叠形成的两个角度。

卷纸形成强化的圆锥形纸筒；此阶段纸筒尖角是不通的。

保持纸筒形状，将大头开口端的纸边朝内折叠。这样使锥形纸筒保持结实。

纸筒灌入巧克力，最大装灌量为纸筒容积的三分之二，然后从两端将巧克力朝中间挤压。

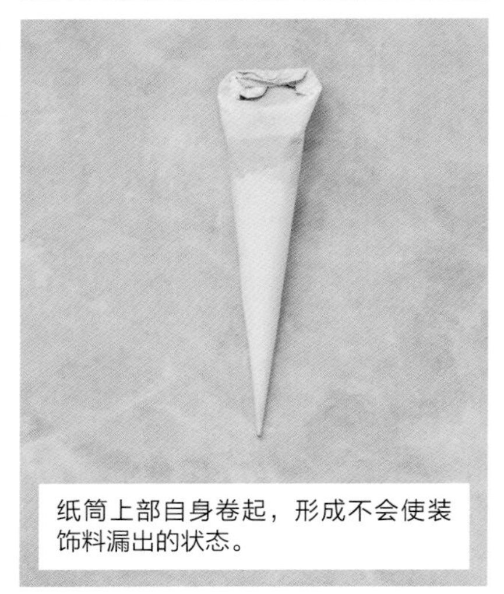

纸筒上部自身卷起，形成不会使装饰料漏出的状态。

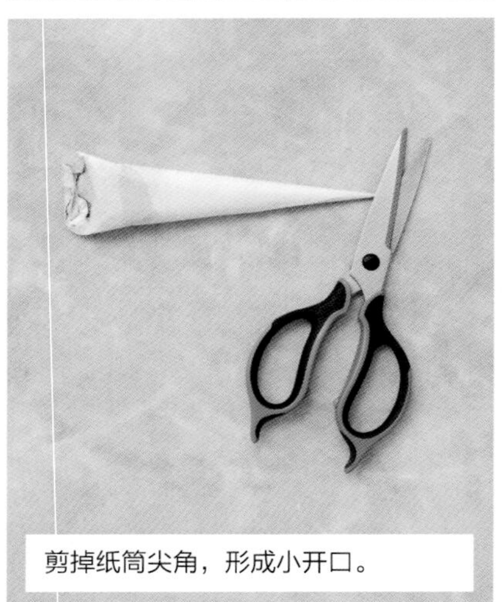

剪掉纸筒尖角，形成小开口。

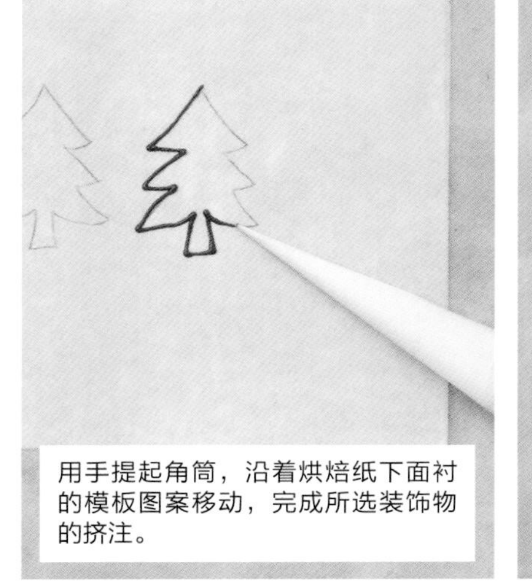

用手提起角筒，沿着烘焙纸下面衬的模板图案移动，完成所选装饰物的挤注。

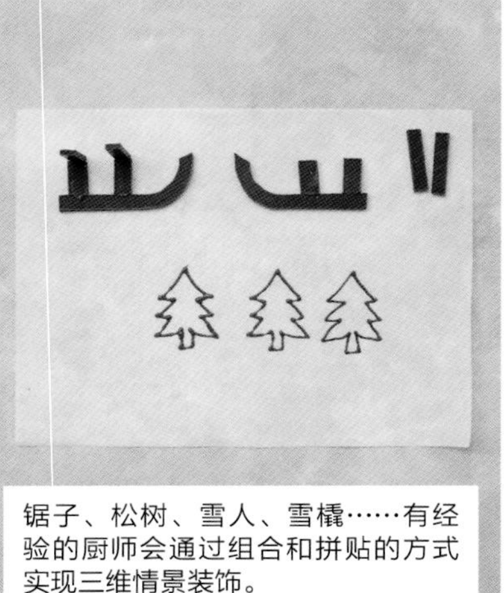

锯子、松树、雪人、雪橇……有经验的厨师会通过组合和拼贴的方式实现三维情景装饰。

在使用巧克力装饰物以前，要让其得到正确的结晶。

附录

词汇表

压平面团

在面板上用滚筒压平面团。最后得到的是一张面皮。

混合物

配方组成中各组分的混合物（如：舒芙蕾混合物、饼干混合物、脆饼混合物等）。

膏状黄油

很软但未熔化的黄油，质地柔顺。

刷黄油

用刷子将蛋软黄油刷在模具、盘子或烘焙纸上，以免食品粘沾。

搅打蛋黄

用木铲将蛋黄和糖使劲搅打成英国蛋霜、糕点蛋霜等。

小漏勺

用于过滤制备物的锥形细筛。

分蛋

将蛋黄与蛋清分开。

捣碎

将杏仁、核桃等粗加工粉碎。

挤出布料

在糕点板上，装有套筒或凹槽的糕点袋或糕点布上放软料，例如，制作泡芙的软料，或者制作蛋酥的软料。

贴体盖膜

直接在制备物（例如，糕点糖霜）上覆盖食用薄膜，以防制备物干涸。

水浴加热

一种对不宜接触加热或易受热影响的精致制备物进行加热的方式。受加热的制备物装于容器，再将此容器置于一更大的装有接近沸水的容器，以此用水对物料进行间接加热。

退火

加些水使煮沸物温度降到沸点以下。

切割

切成块。

刷蛋黄液

用刷子将蛋黄液（见该词）刷在棍子面包、布里欧修、修颂或司康妮之类面坯上，以便在烘烤时发色。

蛋黄液

由蛋黄、少量水或牛奶构成的混合液。

打底

在模具底和侧面铺一层面糊。

浇盖蛋白糖霜

在（海绵蛋糕、泡芙等）糕点表面浇盖蛋白糖霜。

剁碎

用刀将物体剁成小粒。

打发

剧烈搅打制备物，使其结合空气增加体积（状态犹如白云）。

盖浇面料

在糕点上均匀地盖浇一层糖浆或糖霜。

油面糊

由水、黄油、面粉及食盐构成的混合物，用作泡芙面糊或某些鱼肉丸子的基料。

漂烫

将食物浸入（水、糖浆等）液体加热。

刷糖浆

用刷子将（含酒精或非酒精）糖浆逐渐刷在饼干表面使其吸收。

静置

放于一边。

中断发面

临时终止发酵面团的发酵过程。

筛子

由织物固定在木框上构成的用具。可用于筛面粉和酵母等，以获得无结块的均匀粉体。

糖浆温度计

精准煮糖时用的温度计，可用于测量糖浆、焦糖或糖膏的温度。

烤干果

将（核桃、榛子、杏仁等）干果用160℃温度处理，使其干燥发色。是否采用此操作要视具体应用而定。

和面机

强力面团混合机，也指带木桨的和面装置，或指搅打混合机。

索引

图书在版编目（CIP）数据

巧克力甜品教室 /（法）克里斯托夫·多韦尔涅（Christophe dovergne），（法）达米安·杜肯（Damien duquesne）著；许学勤译. —北京：中国轻工业出版社，2018.11

ISBN 978-7-5184-2070-4

Ⅰ. ①巧… Ⅱ. ①克… ②达… ③许… Ⅲ. ①巧克力糖－糕点加工 Ⅳ. ①TS213.23

中国版本图书馆 CIP 数据核字（2018）第 182915 号

责任编辑：张　靓　马　骁　　责任终审：张乃柬　　整体设计：锋尚设计

策划编辑：张　靓　　责任校对：李　靖　　责任监印：张　可

出版发行：中国轻工业出版社（北京东长安街6号，邮编：100740）

印　　刷：北京富诚彩色印刷有限公司

经　　销：各地新华书店

版　　次：2018年11月第1版第1次印刷

开　　本：787×1092　1/16　印张：11.75

字　　数：150 千字

书　　号：ISBN 978-7-5184-2070-4　定价：78.00元

邮购电话：010-65241695

发行电话：010-85119835　传真：85113293

网　　址：http://www.chlip.com.cn

Email：club@chlip.com.cn

如发现图书残缺请与我社邮购联系调换

161411S1X101ZYW